U0048097

i想想

行銷的信任與溫度

█ 有關 陳紀元 █

他是最早揭櫫「競爭者導向」、
「單點差異攻擊」、「通路創新整合」
等概念者，有人稱他行銷大師，很年
輕就被選為行銷前輩。從事企管顧問
工作多年，輔導過的產業自高科技到
菜市場及攤販，涵蓋農工商業，也橫
跨國內外，視野及經驗倍受企業界讚
譽。

輔導離島及原住民是他最津津樂
道的事，他因此成為金門榮譽縣民與
泰雅榮譽族民，也將如何協助離島經濟與偏遠地區農業的經驗編印
成冊，送給 APEC 各會員國參考。輔導菜市場及攤販則是他引以為
榮的，他讓全台灣的攤商及攤販覺得有明天，興起一股經營改造熱
潮，至今他還與許多攤商及攤販保持良好互動。

他自喻為「行銷烏龜」，早在 1980 年他在《經濟日報》提出「烏
龜真經」，寫下「君不見那昂首闊步、雄赳赳、氣昂昂，氣吞山河
的架勢，縱千古名將亦自嘆弗如。君不見烏龜能忍人所不能忍，雖
韓信胯下之辱，亦難及其一二。」2005 年又出版《行銷烏龜哲學》，
高居暢銷書排行數月之久。他常說：不但行銷要像烏龜，企業經營
也是，服務眾人之事更是。

時序進入 internet 時代，數位匯流整合技術不斷快速的往前衝，
傳統的行銷概念漸為混沌，因而有本書《ℓ 想想 行銷的信任與溫
度》的倡議及撰寫，陳紀元博士敏銳的由電子商務及大數據切入，

並提出「彼此的信任」與「互動的溫度」為 i 世代行銷與經營的核心價值，全書立論及所引實例精彩無比。

　　他曾創辦元大企管公司，是當時國內最大的顧問公司，後被延攬入行政院公平交易委員會。在公平會期間，他在與微軟談判、SARS 期間的口罩價格平抑及多層次傳銷管理上，所展現的決斷力與溝通力，極受矚目。現專注於顧問本業，並任教於南台科技大學財經法律研究所及擔任台灣 SGS 驗證諮詢委員會主任委員。

編者 述

▌目錄 ▌

Chapter 1 行銷世界玩起大風吹

1. 行銷世界愈來愈花碌碌嗎？ 026

說不花碌碌是騙人的，每天總會生出幾個新名詞，行銷人一定要跟上花碌碌的潮流，但要有自己的行銷邏輯。風動→幡動→心動？

2. 搞清楚狀況是絕對要的 031

internet 只會愈變愈厲害，如果沒有把行銷環境的變化搞清楚，在花花世界中，一定變得忙忙碌碌而徒勞無功。

3. 零售車輪轉啊轉不能頭暈 036

零售列車以往都在人間跑，現在也延伸到雲端了，電商平台是設在天上的超級大賣場，連貨架都省了。

4. 品牌經營必須 internet 思考 042

在 internet 年代，消費者都是「interneter」，品牌行銷人想離「interneter」群索居，是不可能的。

Chapter 2 行銷是和人做生意，不是賣給神仙

Chapter 3 有人說：大數據是瞎掰症候群？

Chapter 5 信任及溫度才抓得住消費者

Chapter 8 苦力與薪材

更多人有福氣

蘇嘉全

　　紀元兄與我曾在行政院共事，當時他在公平會，我在內政部，他出書，請我寫序，書名為《ㄟ想想 行銷的信任與溫度》，書中描述在網際網路及數位匯流快速整合發展下，很多傳統的行銷觀念需要調整，尤其他將「彼此的信任」與「互動的溫度」視為未來行銷與經營的核心價值，我也深有同感。

　　網際網路發展至今，整個行銷的變化歷歷可見。例如以後到餐廳吃飯，場景大概是這樣：消費者進餐廳，拿起手機拍下要點的菜色，就完成點菜與付款，上菜時讓手機先吃，又拍一下上傳臉書，之後人才吃，吃完走人。用手機點菜及付款即是立法院剛通過的電子支付 O2O 條例。所以以後買東西，只要帶一支手機，連錢都不用帶。可見網際網路及數位匯流對人民消費的方便性，以及對整個行銷與經營環境的影響。

　　書中提到「為什麼德國才 8 千多萬人，但卻有很多產品在國際市場上都是貴到沒有競爭對手？」，特別引起我的興趣。許多德國企業認為德國沒有資源，重要的原材料幾乎都靠進口，所以必須物盡其用，做出好產品，盡量延長使用期，能用到下一代，這才是對原材料最大的節約。人口數不多，內需市場不大，資源也不是很豐沛，和我國類似，但是這種「物盡其用，才是最大節約」的哲學，確實可做為我國經濟發展的參考。

　　行銷有時會被誤會成「吹牛虛誇」，本書談行銷，對企業社會責任 CSR 及產品品質多所著墨，書中把路邊常見的標語「關心別人的人有福了」，改成「有福氣的人才會關心別人」，做為 CSR 的註解，深富哲理。在產品品質方面，他認為：用消費者的同理心，把品質及服務做好，才能放煙火，以及對每個消費者都要心存感激，而絕不忽視消費者的健康安全、絕無誇大不實廣告等黑心行銷行為，才是心存感激的具體體現，也才是「彼此的信任」與「互動的溫度」核心價值。

　　談到「彼此的信任」與「互動的溫度」，我個人亦認為從事眾人之事也是一樣，政府官員以同理心來和人民溝通，傳達溫度，讓人民信任官員，進而信任政府，形成「彼此的信任」與「互動的溫度」的良性循環，這才是社會進步的動力。

　　紀元兄的「烏龜哲學」不談贏的策略，而是主張「不輸」及「不服輸」的，我能搶先一步閱讀到這本在 i 世代，強調信任與溫度為核心價值的好書，套一句他說的是有福氣的人，也望更多人有福氣。爰為之序。

蘇嘉全 ：立法院院長

▌推薦序▌

務實又富禪意

林左昌

　　「人腦打開金庫，不是搬金庫換人腦」，這是本書的一項重點，提醒行銷人：創意是用腦力創造出來的，腦力競爭才是永續行銷的機會點；書中也以「苦力與薪材」為比喻，引述了許多國內外創意實例來印證：做法若不改變，會愈做愈像苦力，只有創新做法，柴火才會愈燒愈旺，愈燒愈成材。確實值得行銷人思考，思考必須「逼迫」自己創新。

　　紀元兄在行銷及企業經營上有很多創見，早已令人讚佩，很多基隆的企業及商圈都曾經請他當顧問，我以前在行政院服務時，他正好在公平會與微軟談判，我對他的電腦及溝通能力印象深刻，今天他將多年的行銷實務經驗與 internet 發展結合，以《ㄥ想想 行銷的信任與溫度》為名，寫出這本在 internet 快速發展下，行銷人要做的事，尤其提出「信任」與「溫度」為未來行銷及企業經營的核心價值，確實發人深省。

　　以往談行銷，一般的做法是針對消費者的需求來設計各種行銷策略，本書則強調必須將「相互的信任」與「互動的溫度」內化到企業經營中，如此所發展出的行銷策略才有可能被流傳，才有可能不被多變的 internet 潮流淹沒。

　　與一般行銷書的差異在本書提供非常豐富的國內外創意實例，

一方面滿足讀者吸取新知的需求，二方面也提供讀者「彳想想」的空間。雖然有人稱紀元兄為行銷大師，但他卻不強迫讀者接受他的想法，反而一再強調「緣生諸法沒有自性五蘊皆空」，建議大家把日新月異的 internet 及其關聯變化加入自己的行銷邏輯中「彳想想」，不去複製別人成功的創意，也不要用刻板印象去思考，隨時跳出框框做「破格式思考」。

我認為他引禪宗的「百草叢中信步走，專心看透花花綠綠」很饒富興味，因為看透 internet 引發的花花綠綠是認識行銷環境的基本功，不專心認識環境，那麼縮短與消費者距離、縮短與行銷目標距離的應對策略就不確實，不能信步走。

在 internet 快速發展下，社會變得非常多元，以往有所謂的「主流」，現在是「主流」也細分成許多支流，所以這本書期許行銷人：縱然不喜歡，也不能拒絕接觸，有接觸才能認識環境，才能生出適切的應對策略。應對策略的結果是贏是輸，紀元兄的概念是「不輸」，時時立於不敗之地，很務實的想法，也很有禪意。我樂於推薦他的大作！

林右昌：基隆市市長

┃ 推薦序 ┃

唯新不輸：未來競爭的鐵律

郭優

　　面對未來快速發展的數位匯流環境，這本書不僅提供很多具體的實例，供行銷人制定策略的參考，最主要的是把行銷邏輯的出發點定位在「信任與溫度」，這個完全以人性為出發點的思考，在未來的經濟及社會中，尤為重要，因為愈 internet 化，人際關係愈質變，沒有獲得信任，溝通無法進行，不傳遞出溫度，溝通也不會順利，行銷的目的自然難以達成。

　　行銷的概念並不只用於產品銷售，舉凡政府政策推動、疑難危機處理、談判及溝通，甚至選舉都與行銷有關，紀元兄為著名的行銷與經營顧問，也曾經擔任政府官員，由他以豐富的經歷，將數十年的行銷實務經驗結合新時代的 internet 發展，以「ℓ想想」為名出書，內容確實精彩前瞻。紀元兄豐富的產業經驗為國內少見，其從事企業顧問期間，從傳統產業到金融、電信與科技等農工商服務業，都有深入的了解，連經濟最基層的傳統市場、攤販及商圈等，都恭稱其為「祖師爺」，可見其受敬重的程度。

　　本書之始以禪宗六祖惠能「風動幡動心動」的故事來引人入勝，強調 internet 風吹得又大又急，引起幡動等環境變化都是事實，行銷人打坐悟道，不能誤成風沒動，幡沒動，是心在動，而是必須堅定「信任與溫度」的核心，認清風動幡動的真實狀況，調整因應的力度，才不會弄得盲忙不可終日。

　　未來的經營趨勢必然是 O+O，是本書的預測，即未來任何企業都要同時經營網路商店與實體通路。本書在警告若沒有 internet 思維，行銷只有死路一條之餘，也提醒每天 internet 總會生出幾個新名詞，行銷人須明辨是非真假。最饒富興味的內容為本書以世界各國的 300 餘筆創意實例來說明如何讓消費者知道你是誰，而能提高信任度，以及如何讓消費者知道你是什麼，而能接納你的溫度，內容真是有趣豐盛吃到飽。

　　書末以「苦力與薪材」為喻，指未來 internet 及相關應用技術發展只會愈來愈精進，行銷人若不改變做法，就如草頭加古字，愈燒愈苦，愈燒愈像做苦力，若創新燒法，愈燒薪火愈旺，愈燒愈成材。「唯新不輸」，創新的速度要比消費者和競爭對手快，是未來競爭的鐵律。

　　環境變化愈大，愈須回歸基本面，如產品及服務品質的確保、企業社會責任的履行等，堅守住人與人間「信任與溫度」的核心價值，行銷與企業經營才得以永續，這是我在本書內看到的一貫精神，非常值得產業界參考，也值得我為序推薦。

鄭優：工商時報總主筆

堅持

　　人的堅持，有時候是很美、很甜的。紀元兄出版《ℊ想想 行銷的信任與溫度》一書，不斷提醒行銷人在 internet 世代要跳出框格思考，甚至提出「破格思考」的想法。既然思考要破格，為何書序不能請默默耕耘的人來共襄盛舉，他這樣思索。於是打電話給我，我問他為什麼找我？

　　他說：他在御品賞健康莊園看到我的「堅持」，因此他想找真正在基層、由荒地到良田，做實事的人來寫序，比較符合本書「給消費者溫度，讓消費者信任」核心價值的主張。

　　御品賞健康莊園是我在台東的有機農場，從開園伊始，我即堅持不用任何農藥添加物來維護農場的土質和水質，農場所種植的茶、咖啡及蔬果也都以自然生態做有機栽培。坦白講，這堅持，剛開始是苦的。

　　但當看到嚴苛的 311 項農藥殘留有機認證一次過關、灌溉水重金屬的檢測竟然優於國家標準 42 倍之多，看到消費者來農場喝了茶及咖啡、品嚐縱谷自然之美後，用桶子裝水，說要將這份甘甜回去與家人分享，這與紀元兄在 O+O 通路策略中提到，建立消費者與行銷人及商品間的歸屬感，能有隨時回家的感覺不謀而合，是信任又備感溫馨的。

　　紀元兄和我皈依同一師門，是唯二不會唸經持咒的師兄弟，但

不時在他身上看見佛弟子的善，他在行銷及經營管理有相當的地位，但我卻常看到他在山上關懷原住民的種植，在田埂旁與農民有說有笑，坐在市場攤台和攤商一起談天說地，這種「屈得下去」的經驗與熱心，使他提出「信任與溫度」為核心價值的行銷，更有基礎，更見先機。

《i 想想 行銷的信任與溫度》一書從雲端寫到人間，裡面有股切提醒、有趨勢預測，也有實例參考，堪稱國內少見的一本好書。我在台東糖廠廢墟學院造景時，有所感觸，寫下「創作何需奇花，適所即是異草」，正巧與本書的「差異化是行銷人的 DNA」及「人腦打開金庫，不是搬金庫換人腦」相呼應。師兄弟，心有靈犀啊！堅持去做能讓社會永續經營的事，社會永續了，個體自然也永續，工作能和生活相呼應是很美、很甘甜的。

陳至榮：台東御品賞健康莊園董事長

▌推薦序 ▌

我們永遠的導師

　　傳統市場在一般人的概念是一個很傳統的農漁畜牧產品的銷售通路，是跟不上時代的。其實不然，我們也知道有網路，尤其是很多攤商的第二代也加入經營，所以現在的傳統市場有宅配，有的攤商也開始經營品牌，有的攤商甚至自己也種植有機作物，網路搜尋美食有很多是在傳統市場或是從傳統市場起家的。傳統市場真正的面貌正在蛻變中。

　　這個蛻變起源自 15 年前，正當傳統市場被超市、大賣場逼得逐漸走下坡時，陳顧問出來帶領全國傳統市場改善經營體質，坦白講，當時我們覺得這個戴眼鏡的讀冊人怎會懂我們菜市阿，沒想到在很短的時間，包括金門馬祖，各縣市的傳統市場紛紛主動投入，接受陳顧問團隊的輔導，體驗到很多新的知識，也實際親手去做很多前所未曾想過的行銷工作，在那段時間，「明天是有希望的」的氛圍瀰漫在各攤商間，傳統市場顯得活力滿滿。雖然後來顧問去當官，但仍然沒有中斷與我們的關係，我們有任何經營的疑惑，也一定會找他協助，他也從不推托，和以前一樣親切，一點架子都沒有。

　　最近，在一次的經驗分享中，得知顧問要以「信任與溫度」為主軸，出一本以網際網路為背景的行銷書，其中有些實例還來自傳統市場，讓我們十分感動，沒想到菜市阿也能登大雅之堂，寫入顧

問的書；有人就開玩笑說：能不能讓我們不是讀冊人也來出個序。顧問竟爽快答應：有什麼不可以。

　　就這樣有這篇序，這篇序由我們兩人口述，請純粹創意公司的孫裕利總經理代筆，我們兩人雖無法代表全國的傳統市場，但我們相信這應是各傳統市場攤商的心聲，也表示我們對「我們永遠的導師」的敬意。

　　攤商們不見得讀很多書，但這書的許多內容，平常顧問都會跟我們提點，包括食品安全等，尤其是顧問常要求我們的：雖然我們是做小生意，但要盡力去做些社會公益，小也要小得有骨氣。

　　我們歡喜推薦這本書給大家，也歡迎大家來傳統市場，給我們攤商指導，享受我們的溫度。

蘇慶吉：台南市傳統市場聯誼總會總會長

王銓國：中華民國傳統市場總會副總會長／台北市南門市場會長

▌前言▐

信任與溫度　　　　　　　　陳紀元

　　本書《ἰ想想　行銷的信任與溫度》，與其說是傳達行銷人在 internet 的花花世界，應該做什麼，不如說是提供一些行銷的見解，請大家「ἰ想想」，用 internet 的思維來思考問題，解決問題。

新的核心價值

　　自古以來，企業搶軌道的事從未間斷，從 QWERTY 鍵盤、Beta 與 VHS 錄影帶、Windows 與 Linux 作業系統，到現在的 iOS 和 Android 都是，誰搶到軌道誰就搶到路徑依賴（Path Dependence），而能宰制未來的市場與社會，也好像美國與中國的 TPP 和 RCEP 一樣。

　　在 internet 及數位匯流整合技術快速而且不斷發展下，搶軌道的現象尤其明顯，每一新的軌道產生，必造成破壞性的社會創新，社會愈來愈智慧化，也刺激人們在解構重組中，反覆尋求新體驗的新價值。對產業而言，過去透過行銷包裝所建構的品牌，都必須一次又一次的被層層撥開來檢驗。

　　因此，不論是雲端的網路行銷或在人間的實體店面，「彼此的信任」與「互動的溫度」成了牽引行銷與經營策略的核心價值，也成了要通過ἰ世代層層檢驗的基石；消費者要知道你是誰，才能信任你；消費者要知道你的內涵是什麼，才能接納你的溫度。

祝大家六六大順

internet 的發展及 *i* 世代消費習性的巨大和快速改變，已是現實，將來變化一定只會更劇烈，身為行銷人，我們可以用這六項態度來和大變化相融合，才不會被大變化吞噬。

1. 放開思考，不要再有框框：行銷本就是非常動態的，有一定就不是行銷；二方面 *i* 世代變化如此巨大，已沒有任何在既有軌道內思考的理由，跳出軌道思考，於不疑處起疑，跳出框框看事情、想事情。

2. 明日事，今日畢：在大變化下實在很難預測明天會發生什麼，嘗試把可預料的明日事在睡覺前完成；行銷人的速度若比消費者慢，必輸，知識若比消費者少，也必輸，這是 *i* 世代的鐵律；當然，比競爭對手慢、少，也必輸。

3. 要深切體認「不輸」及「不服輸」：行銷是以今天的經驗來打明天的戰爭，是明天先到還是無常先到，連大數據都卜不出來，把贏的想法丟掉，真正用消費者的同理心，把品質及服務做好，才能放煙火。

4. 要活就要學：在 *i* 世代，每天都有新科技試圖創出新軌道，消費者的思想也愈來愈細分化，大主流漸褪去，很多小主流起而代之，行銷人或可以不喜歡某些小主流，但卻不能拒絕去接觸。

5. 記住「你給消費者什麼 fu，消費者就還你什麼 fu」：*i* 世代的消費者愛恨分明，可以因感動而立馬捧紅，也能因傷心而發動鄉民打臉、下架；載舟不須任何代價，覆舟亦無任何反顧。

6. 對每個消費者都要心存感激：不管你在雲端看不到你的消費者，或在人間時時要當面處理「奧事」，都要有心存感激的溫度，才能有彼此的信任；重視 CSR，絕不為黑心行銷，才是心存感激的具體體現。

苦力與薪材

草部首 (艸) 好像柴料，草頭古，愈燒愈苦，草頭新，愈燒愈成材，這就是「苦力與薪材」的比喻，如果我們不改變做法，就如草頭加古字，愈燒愈苦，愈燒愈像做苦力；若創新方法，就如草頭加新字，愈燒柴火愈旺，愈燒愈成材。

在 ¿ 世代，自媒力及 O+O 成為未來的趨勢已無可避免。自媒力，行銷已不單純只是賣產品，也要經營媒體，媒體經營得不好，銷售周轉率必然降低，所以自己媒體的香火，自己燒，無可迴避。O+O 是本書的創見，雲端的 online 和人間的 offline 共構成行銷通路的極簡化，這趨勢必然促使品牌經營須更深的「¿ 想想」，在雲端走累了，總還是要下凡來的。

用創意讓 ¿ 世代的消費者信任你，沉迷在你傳達的溫度中，¿ 世代廣為流傳的創意有一共同性，即 Simple is the New Sexy，簡單的新性感，像迷你裙，愈簡單愈性感。本書引用了 300 餘筆國內外影音及平面創意，深度及廣度均非常可觀，請行銷人悠遊於國際化的溫度裡，好好享用。

當你對世界各國的創意嘆為觀止時，容我再嘮叨一句，創意是用人腦來打開金庫，不是搬金庫來換人腦，也不要企圖去複製別人或自己的成功經驗。

很抱歉，本書的影音創意 (有《》符號者) 無法在紙本上點一下就跳出視窗，平面創意若要看彩色原樣 (特別推薦)，和影音創意一樣，都請用關鍵字或所附來源出處之網址搜尋。祝你成功！

傳統產業與科技產業的分野，不在產品，而在企業或行銷人的 DNA。¿ 世代了，一齊來「¿ 想想」！

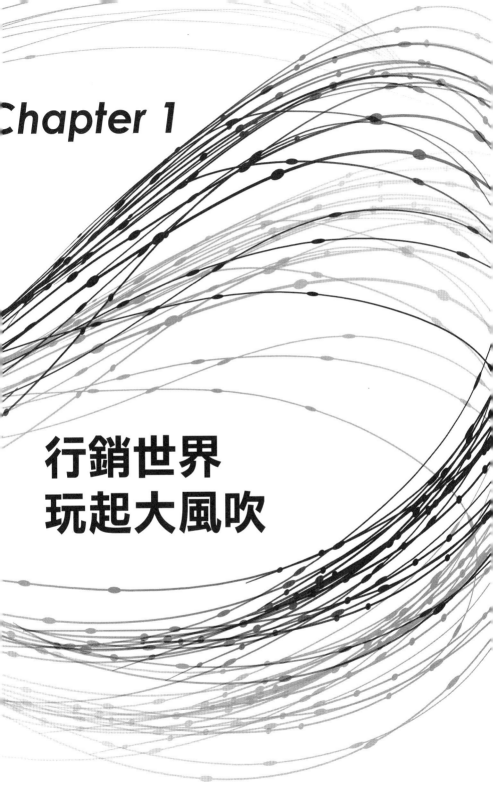

Chapter 1

行銷世界
玩起大風吹

▌01▌ 行銷世界愈來愈花碌碌嗎

遠看一朵花，近看像烏鴉，原來是山水，唉呀我的媽！

行銷環境的確愈來愈花俏，有 e-marketplace、e-marketer，什麼都加個 e，以示主流，可惜就是沒有 e- 總統，很多新名詞滿天飛，混合雲、SoLoMo、大智慧、電子商務生態圈、IoT、數位行銷閉環、Hadoop、虛擬社群、APP、企業 3.0、工業 4.0、自媒力、跨界行銷、FinTech 革命、自造者社群運動、O2O、M2C、大數據、Paypal、新行銷 4Ps、移動裝置、線上促銷、線下消費、業配、導購網站、雲端創意、五感傳播…等等，一大堆新名詞帶出許多新講法新立論，許多老行銷人常自嘲跟不上潮流，新行銷人在未建立自己的行銷邏輯前，也被迫填鴨囫圇吞棗，搞得昏頭轉向。

到底什麼在動

這麼多新名詞，都和 internet 有關，尤其是手機加入了許多新功能，進化成消費者可隨時隨地在移動中就進行消費行為，使行銷世界愈來愈花碌碌，行銷環境的考慮因素變多了，可用的策略和工具也變了，消費者的訊息來源也變廣變深了，行銷人的邏輯若未堅實，很容易在這花花世界中，變得忙忙碌碌而徒勞無功。

古中國有一個「風動幡動」的故事，禪宗六祖惠能到廣州法性寺聽經，忽然，一陣風來把懸掛在佛像前的幡吹動了，有兩個和尚就議論起來。一個說：你看，那幡在動。另一個說：不對，那不是

幡動，而是風動。兩人爭論不休，惠能便插嘴說：不是風動，也不是幡動，而是你的心在動！後來有禪師說：若執著於風動、幡動、心動，則會落入更深的斷崖，因為風動幡動是事實存在的現象，不必要對此起疑惑，所以自得禪師有一偈「是風是幡君莫疑，百草叢中信步歸；王道太平無忌諱，戲蝶流鶯遶樹飛。」

風動幡動 心要不要動

惠能是一代大禪師，意境自然很高，自得禪師可能做過行銷，懂得 yes…but 的推銷話術，他的偈語用比較直白的行銷話說，大概是這樣：不必懷疑風動幡動等行銷環境的變動，看透花花綠綠的新東西；行銷的作法本來就百無禁忌，像大樹一樣專注的定住你的行銷價值，消費者自然就遶著你飛。

再說得直白些，如下圖，風吹引起幡動是事實，風動了、幡也動了，環境自然也是變化了，堅定自己的行銷核心本質，調整行銷組合策略的力度強弱，來因應風動幡動的變化。我不知道這樣的思考是否參透惠能與自得兩大禪師的禪意，但行銷人是在做生意，我直覺認為這樣的思考比較自得些。

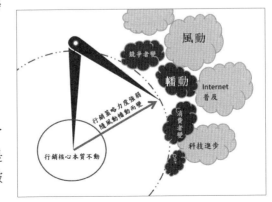

吹進來的風叫 internet

internet 風吹皺了一江春水，但水還是水，只是多了幾條皺

紋。如果如是看，就比較不會被花花綠綠的新東西困擾到。

以一般所謂的行銷 4Ps，產品、價格、通路、推廣而言，在 internet 未普及前，通路皆為實體店面或是直銷的人員銷售，internet 普及興盛後，增加了網路店面；推廣的媒體也新增網路廣告與形形色色的社群網站等。也就是說現在行銷人做決策有更多的通路與媒體可供選擇而已，會造成行銷人感到花碌碌，而心有浮動的應是新增的選擇一下子蹦出太多，一下子深入熟悉不了。

internet 吹皺了消費者

比較讓行銷人心浮動到不安的現象是：以往之媒體如電視、報紙、雜誌等，消費者是「被訴求者」，新增的 FB、Youtube 或其他部落格等，消費者搖身一變為「訴求者」，這現象導致行銷人扮演「訴求者」要去說服同為「訴求者」的消費者，所需的功力就須更強；其二是以往消費者有想法也無媒體可供散播，現在可以在社群網站一夕爆開。

消費者的變化是行銷人較難掌控的，加諸 internet 打破以往有「主流」意見的情勢，現在小眾意見充斥，使市場區隔愈來愈細分化，相對也影響到行銷策略的擬訂。消費者一下子蹦出這麼多改變，令行銷人一下子消化不了。

認識環境 縮短距離

水皺了還是水，水的核心價值依然不變，有人把消費者的購買動機和購買行為概括為 6W 和 6O，在 internet 下，6W 和 6O 的核

心思考並沒有改變。所以風吹進來,行銷人的策略要增減力道,不動或換新策略或增減策略,端視消費者與競爭者之幡動而定。

所以總說一句,認識自己的能耐、認識市場(含消費者)、認識競爭對手是行銷不二法門,「百草叢中信步走,專心看透花花綠綠」之意,也是行銷被定義為「認識環境 縮短距離」的精髓,沒有認識環境的基本功,縮短與消費者距離、縮短與行銷目標距離的策略就不確實。

行銷就像追女朋友

完整的行銷邏輯或許要實務經驗去累積,不是人人有,但追女朋友可能多數人有經驗,為了便於理解,有人把行銷比喻成追女朋友,說明「認識環境 縮短距離」精髓的具體實踐。追女朋友,若不認識以下各項,基本上是必敗無疑:

1. 女朋友的習慣、個性、喜好等等(消費者的需求與特性):或許消費者喜好一時間無法完全了解,或予以滿足,但絕不能做出讓消費者感到厭惡的行為。
2. 她的現有男友作法:如每週約會幾次(市場佔有率)、關係已到什麼程度等。充分認識競爭對手,有助於擬定差異化策略。
3. 自己有多少資源:用以策劃相對於競爭對手之吸引女朋友策略(拉式策略),哪些策略 Cost 最低,對女朋友 Performance 最高。
4. 女朋友的密友(參考群體含部落客寫手):也是要去了解及公關(或置入性行銷)的對象,否則一句壞話,你就有行銷危機了。
5. 女朋友的父母親(經銷商包括部落客版主,網路平台):雖不是你追的對象,但他們不點頭,還是很麻煩。所以也要去了解、

交心 (推式策略)。

寫到這裡，回憶追女朋友或被男朋友追，是不是多數人都是如此，追女朋友可以運用到行銷的認識環境及縮短距離策略，有趣吧！對這些環境因素掌握愈多，出什麼步數去追，就很自然，追起來就比較輕鬆。了解到女朋友喜歡（市場需求）玩 FB，再笨的人都會上去留言捧場，不會只上去按個讚就快閃。了解到她的現任男朋友（競爭對手）每天送一朵玫瑰花，再笨的人也知道送兩朵牽牛花 (差異化)，C/P 值可能大一些。

環境因素動了，縮短距離的策略 (追女朋友的追法) 也跟著動，不必懷疑，風動幡動，縮短距離的策略本來就無一定模式，也無須拘泥，重要的是像大樹一樣專注，發揮你行銷的的核心本質，消費者自然就遶著你飛。行銷人千萬要記得：狀況掌握愈多，愈不容易失敗，狀況清楚才出手，失敗的機會也相對減少。

上帝幫你認識消費者

吹起這股 internet 風，改變了消費者的口味，看似益難捉摸，好家在上天有好生之德，關了一扇門，必定會再為你打開另一扇窗，現在的消費者喜歡在社群網站上主動掏心掏肺，不是正中行銷人的心懷，可以從中了解、分析消費者的情況嗎？

┃02┃ 搞清楚狀況是絕對要的

　　面對愈來愈花碌碌的行銷世界，行銷人首要的工作絕對不是「擬定行銷策略」，而是天天時時把行銷環境的變化看清楚，尤其internet 風一吹 吹來了許多旁門左道，把新增出來的東西搞清楚，唯有清楚了，才能決定哪些工具可用，也才能擬定行銷策略，所擬定的策略才會接近事實，行銷不輸的機會才愈大。

internet 風一吹 也吹來許多業配文

　　Internet 盛行，我們每天網路上瀏覽的或朋友轉傳來的訊息變得非常多，加上媒體的經營品質歪變，消費者也變成媒體人，因此，許多訊息隱藏著玄機，甚至愈來愈多假訊息，因為訊息多，又要點滑鼠或滑手機，稍一閃神，玄機或假訊息就置入我們的印象中。對此，消費者可以「與其盡信不如不信」，但行銷人則須養成多方查證的習慣，以免擾亂對環境的認識，非經查證的訊息不要納入參考。

　　媒體本來就應該只提供正確資訊、中立報導事件，但媒體為要顧及營收，在報導中穿插許多看似新聞，其實是廣告的內容，讓閱聽大眾不知不覺被洗腦，此稱為業配新聞，而此若是發生在部落客的版面，則稱為業配文。

　　2013 年發生的三星「寫手門」事件就是業配文的例子，三星聘請寫手及自家員工假裝是網友分享使用心得，進行網路口碑行銷。結果被揪出其企圖影響網路輿論，打擊競爭對手，提升自己的品牌

形象，此事件被公平交易委員會調查後裁罰。另又如屢爆業配文爭議的網拍女神，2015 年在臉書分享拭菌布使用心得，強調有了寶寶後，外出絕不能沒有濕紙巾，結果又遭網友吐嘈，也與廠商中止合作關係，公平交易委員會亦進行了解。

業配新聞活像武俠小說

很多武俠小說的主角都是被仇人追殺，跌入深谷，撿到武林秘笈、或吃了千年何首烏、或遇到貴人傳授絕學，縱跳飛出谷，殺仇雪恨，成為武林了不起的人。對照媒體上常有：三十歲前，他靠房地產，賺到上億身家，卻因投資失利，一夕間賠光所有，他借貸百萬元，離鄉背井重新出發，雖是個餐廳門外漢，但整合實體與網路商機，步步為營，攻城掠地，終於⋯⋯。情節類似，令人難過。

上之新聞媒體的報導是業配新聞的一種，像這種「武俠文」或其他「勵志文」、「討拍文」，一天沒在媒體或部落格看到，才是新聞。另也要提醒行銷人，像這種水準不高的文，自然容易被看破手腳，怎麼會放行刊登呢？坦白講，不要以為現在的消費者不大看武俠小說，可以朦混過去，internet 世代消費者的「起底」功力可能東邪西毒南帝北丐外加中神通都不如。

Youtube 大學創作品充斥

2014 年鼎王旗下無老鍋自己編劇說故事，則是經典的「Youtube 大學創作品」，其在自家網站虛構冰淇淋豆腐鍋，號稱來自日本即將失傳的百年鍋物，是創辦人拜訪日本歧阜縣，品嚐到高齡 70 歲「無老婆婆」做的冰淇淋豆腐，經過三年學習才取得百年手藝，但

被美食作家踢爆。

　　最近，德國社群網站流傳一張義大利 IKEA 桌子的假照片，桌子造型為納粹圖案，售價 88 歐元，如右圖[1]，經網路瘋傳後，引發軒然大波，尤其讓很多德國人不

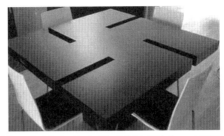

滿。害得 IKEA 不得不出面澄清：無論在義大利或任何地方，這張桌子都不是 IKEA 的商品。

　　幾年前，美國漢堡王訴求「really big」的廣告也被網友 kuso 成 Durex 保險套 XXL 尺寸[2]，很多人互相轉傳，如左圖，造成轟動，最後也證明是「Youtube 大學創作品」。「Youtube 大學創作品」是一個總稱，舉凡網友發揮創意，無收他人酬勞，在網路發表平面或影音創作品之謂。

　　納粹桌子是 (1) 惡意的置入性行銷，意圖破壞 IKEA 形象？ (2) 自導自演，增加曝光度？ (3) 純係網友 kuso ？留待行銷人品味。

行銷人要養成查證的習慣

　　以上這些業配文、業配新聞或 Youtube 大學創作品的特點是「乍看之下為真」，既是「乍看之下為真」，意即一不小心就會受其影

響，所以行銷人務必養成查證的習慣。

養成查證的習慣有三個好處，一是查覺其真假，有助於行銷人搞清楚狀況的功力提升；二是了解置入性行銷之破口，當自己操作時，能更完美；三是搞清楚狀況才不會造成行銷人行銷邏輯的bug。

行銷到底是什麼？

internet 愈盛行，我們每天接觸到片斷或片面的訊息就愈多，大家也都知道搞清楚狀況是絕對必要的，但常見的問題是有沒有認真查證搞清楚？搞清楚後有沒有納入你的行銷邏輯中 run 一 run？若沒有，當訊息、經驗或知識愈累積愈多，在思考上可能會 bug 致「撞牆」，這也是我常常被人問「行銷到底是什麼？」的原因。

行銷是什麼？行銷不是在講招式或策略，縱有討論招式或策略，也沒有可以放諸四海皆準的招式或策略。因時空背景對象的不同，追富豪千金與追小家碧玉的思維會有不同，昨天與明天的想法也可能不同，所施展的招式或策略自然不同。這就是行銷，沒有搞清楚最基本的時空背景對象，就沒有行銷。

行銷是零基思考，五蘊皆空

所以，行銷只是一個邏輯系統，它告訴行銷人要永遠保持招式或策略的五蘊皆空，不要執著招式或策略的美醜。環境、條件動，概念、想法隨之動，策略及應對自然在你的邏輯系統內轉動。五蘊皆空，放開思考，行銷空間就會無限寬廣。

　　當行銷人要說「因為…，所以有此策略」時，請先由平時建立的行銷邏輯做零基思考，五蘊皆空，打開思考空間。誰說衛生紙一定是白色的？誰說航空公司不能像蘇俄 Avionova Airline 露肚臍洗飛機？誰說胸罩一定要找美女來當模特兒，「Youtube 大學創作品」就有用兩粒橘子來展現，新穎又饒富興味！

　　internet 只會愈變愈厲害，消費者的訊息來源也會愈來愈廣愈深，與競爭者間的情資也會愈變愈透明，行銷人的邏輯若未堅實，就很容易在這花花世界中，變得愈忙忙碌碌愈徒勞無功。

1.http://www.appledaily.com.tw/realtimenews/article/new/20151217/755597/
2.http://adzilla.blogspot.tw/2007/09/durex-xxl-ad-realy-big.html

▎03▎ 零售車輪轉啊轉 不能頭暈

　　因手機加入了許多新功能，進化成移動裝置，使零售業變得熱鬧起來。零售業，用現代話即 2C，不論是 B2C 或 C2C 或 O2O 的變遷，行銷上稱為零售車輪（wheel of retailing）。車輪往哪裡走，相對應的零售業態就會產生，操縱車輪方向的是外在環境變化引發的消費者需求變化。

實體店的零售車輪

　　有歷史記載的零售車輪，發生在工業革命後，中產階級增加，促成百貨公司興起，逛街 (window shopping) 也變成當時新興的一種休閒活動；至 1830s-50s 年間，工業革命真正蓬勃展開，中產階級大量增加而且變富有，百貨公司也開始進入大型化階段。

　　然而，1930s 發生經濟大蕭條，消費力衰退，一直到二次大戰結束，百廢又待舉，零售業開始追求大量銷售低毛利的策略，以因應對價格敏感的消費者，零售車輪開始開往低價競爭。如 Kohl's 已是低價位的百貨公司，Walmart 以更低價分食市場。

零售車輪愈開愈低價

　　零售車輪開入低價區，飲鴆也止不了渴，愈開愈低價，因而出現低價折扣店，又為了滿足一次購足的方便性需求，郊區停車方便的大型賣場不斷出現，而有量販店、big-box store、megastore、 hypermarket、supercenter 等類型出現，雖然其內涵不盡相同，但都是結合低價百貨公司品項與超級市場品項的本質，較知名的如 Carrefour、Walmart Supercenter 等。

在 big-box store 業態發展中，亦出現單一品項的大賣場，如傢俱的 IKEA、玩具的玩具反斗城、家用品的 B&Q 特力屋，此分支稱為 category killers。另一分支為 warehouse club（倉庫批發），其之起源為 B2B，須付會員費，如最早來台灣的萬客隆 (Makro) 及 Costco，現在我們看到的 Costco 則已變成 B2C。從低價零售車輪的走勢，無可諱言的，低價儼然成了零售業的主流。

低價雖是主流，但輾不碎非低價

當零售車輪走向低價化，高級百貨公司（如 Bloomingdale's）或中級百貨公司（如 Macy's）並未被取代，各檔次的零售業會隨消費者的需求產生消長，零售車輪駛出的軌跡開始分叉。也就是銷售通路更加多元化，以因應不同市場區隔的需求。

因此，零售車輪成為市場細分化的一個概念，不同的細分化市場間彼此互相競爭，也彼此共構出整體市場的需求。所以，一家零售業是否被淘汰，視其經營與競爭策略而定，並不能說是零售車輪所致，整條銷售通路被滅絕，才可能與外在產業及社會經濟變遷，引發零售車輪轉動有關。

非低價的新業態仍欣欣向榮

雖然低價化持續發酵，高級百貨公司品項及中級百貨公司品項

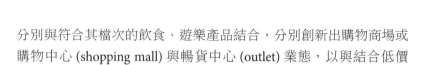

分別與符合其檔次的飲食、遊樂產品結合,分別創新出購物商場或購物中心 (shopping mall) 與暢貨中心 (outlet) 業態,以與結合低價百貨公司品項與超級市場品項的大賣場區隔。

暢貨中心以前是銷售賣不完的庫存零碼商品,或因過季或有瑕疵而被退回的次級商品,因此價格普遍較一般店面中的零售價優惠許多而受歡迎,但現在已不同,很多品牌會專為其 outlet 通路設計產品。

舊業態被淘汰取決於有無存在的價值

有人認為零售車輪是創新型的零售業者以低價格、低毛利進入市場,並逐漸取代其他的零售業者,之後為了建立更大市場地位,這些零售業態便會增添更好的設備,銷售更高品質的產品、提供更好的服務等等,結果造成營運成本以及價格的上升,最後被其他低價低毛利的新進零售業者威脅而衰退,甚至倒閉,而這些新進的零售業者也會步上上一批業者的命運,這個過程持續不斷,周而復始。

但這觀點並不妥適,正確的零售車輪觀念是因應消費者的價值需求 (例如低價、便利、身分等) 變化,產生相對應的零售業態,而呈現銷售通路多元化,彼此間亦產生競爭,以因應不同的消費者的價值需求,新業態能否淘汰舊業態,完全取決於舊業態有無存在的價值。

零售車輪是被消費者的價值推著跑

從台灣零售業的發展更可看到新舊業態並存，早期的百貨行（服飾化妝品為主）、柑仔店（乾貨為主）、傳統市場（生鮮蔬果為主），在 1960s 年代，百貨公司（類似現在還存在的遠東百貨寶慶店）、超級市場出現後，前述的百貨行等依舊是消費者的購買的主要通路。

由現在的零售業往前看，各式各樣的大賣場林立，但高級百貨公司及購物中心亦不勝枚舉，並無低價大賣場威脅或取代高價百貨公司，睽其原因在於市場區隔明確，且商品品項差異。

而傳統柑仔店幾乎滅絕是與超級市場、超商及大賣場連袂夾擊有關，就商品價格言，柑仔店絕不會是最貴的，而是在一次購足上完全無競爭力。傳統市場式微與超級市場及大賣場興起有關，傳統市場的弱勢在賣場環境與營業時間和現代消費者的生活行為脫節，但其仍有其他優勢，故仍與超級市場及大賣場並存。至於超級市場，照理應被商品價格較低、商品品項較多之大賣場取代，但以現在全聯及美廉社的發展，顯見零售車輪不是被價格推著跑的。

説柑仔店是被超商滅絕並不為過，2014 年台灣 4 大超商家數達 10,131 家，營收達 2,892 億元，平均約 2,300 人養一家店，每人每年消費 12,500 元。以其居大宗的食品及飲料言，相較於柑仔店，商品價格及商品品項皆不見得較優勢，但由於其地利及 24 小時全年無休，養成消費者購買習慣，此可見零售車輪也會被消費者的價值推著跑。

價格是競爭武器，但不是原子彈

零售車輪理論也許可以解釋過去某些零售業發展的現象，但它的前提「絕大多數的消費者對價格都是敏感的」卻也受到質疑與挑戰。從大賣場、購物中心、暢貨中心等百貨複合餐飲、育樂後，百貨公司等亦產生質變，其中雖然還有多層次傳銷及電視購物陸續加入零售車輪，彼此雖有消長，但並沒有誰被誰輾過。非價格因素如便利性、商店與產品形象、服務水準、商場活動等，也成為消費者價值需求的一環，亦成為零售業的競爭武器之一，而這些因素都是該理論所忽略的。

例如台灣的便利商店是以高價切入市場，而它所威脅到的零售業，有許多是較低價的雜貨店與超級市場。百貨公司以及新興零售業如電視購物等，也不是以低成本、低價格、低毛利進入市場。另外，量販店固然是以低價進入市場，但其卻是提供商品多，一次購足的消費者利益。

虛擬通路的零售車輪

約在 1995 年左右， internet 漸漸成熟，各企業包括上述的零售業，也都會利用自己的網站進行電子商務，各企業亦有自己的金流及物流系統，開始了虛擬通路的經營，不過此時的虛擬通路還只是實體通路的延伸。當時在國際上發展虛擬通路比較知名的企業如美國的 Office Depot 及亞馬遜書店，前者本為型錄購物業態，後者則一開始就走虛擬通路的網路銷售。

虛擬通路聽起來有點玄，以 A 牌化妝品為例，其在百貨公司設有專櫃，在購物中心有專門店，在一些大鄉鎮百貨行也設專櫃，共

三條通路，internet 發達後也在自己 A 牌的網站上刊出商品圖片、相關說明，並有接受訂貨及金物流方法，此即 A 牌化妝品之虛擬通路或是虛擬直營門市，也是 A 牌的第四條通路。並不會因有虛擬通路，原來的三條實體通路的哪一條必須被取代。

其實，虛擬門市一點都不「虛擬」，雖與原有三條實體通路有些不同，如實體的櫃位，服務人員與消費者互動，消費者實際碰觸商品並試用體驗，但以現有的網路軟體設計，前兩者都很容易解決，後者因牽涉到香味與化妝效果，要待一段時間，不過若是服飾類商品，現有軟體已能解決試穿問題。

實體通路與虛擬通路只是一體兩面

近年來，黑貓等物流體系更加普及，各銀行在金流方面亦加入虛擬通路，而形成現在風行的電子市集（e-marketplace），以 Yahoo 為例，有拍賣、超級商城、購物中心、服務＋、大團購、折扣城等，Yahoo 與 PChome 均是以電子商務和入口網站為業務，而中國阿里巴巴則是以 B2B 起家，後建立網上購物平台淘寶網，2011 年淘寶網分拆為淘寶網、淘寶商城（後更名為天貓）和一淘三者。

由於每年雙 11 都瘋狂到天翻地覆，吵得好像企業不在電子市集參一咖，就不是行銷。其實，我們可以這樣比喻：Yahoo 拍賣與淘寶網就好像虛擬的攤販場，Yahoo 超級商城與天貓猶如虛擬的購物中心。也就是 Yahoo 和阿里巴巴在他的網站上開設了攤販場和購物中心，以上述 A 牌化妝品言，可以到 Yahoo 拍賣刊出他的商品資料，也可到 Yahoo 超級商城開店，以便消費者 window shopping 並購買。所以簡單說，實體通路與虛擬通路只是一體兩面，一個有穿衣服，一個脫光光而已。

|04| 品牌經營必須 internet 思考

印度 MTS 電信推廣其 3Gplus 時拍了一支片子，叫《born for the internet》[1]，說現在的小孩一出生就會用手機打卡上傳、用 PC 上網 google 查資料。甚至 app 也已發達到連 Durex 保險套 2013 年在杜拜都嘗試推動《SOS condoms》[2]，臨時需要保險套，app 一下，就有專人送到。社會進化到這般田地，行銷若沒有 internet 思維，真的只有死路一條。

現代生活中，每天都會使用到 internet，也有人每天都會接觸到電商，大家談的電商好像都侷限於像 Yahoo 商城以及在商城開店的業者，其實電子商務（Electronic Commerce）的範圍很廣，是指透過電腦與資訊網路來達到交換商品相關資訊及完成商品交易的活動。

電子商務不是只有網路商店

電子商務是網路技術與商業實務的結合，其之運用主要包括了商務資訊、商務管理和商品交易，都是在 internet 上進行。我們平常說電子商務的商品交易涵蓋了（1）資訊公開；（2）客戶的售前與售後服務，如提供產品和服務的資訊、產品使用技術指南及回答客戶問題等；（3）線上商品交易；（4）線上電子支付，如電子轉帳、信用卡、電子錢包等；（5）物流管理，如商品的配送、運輸追蹤以及數位產品（如音樂）之線上傳送；（6）企業間策略合作，將由供應商到客戶的相關合作夥伴結合成一個策略聯盟。

電子商務的範圍很廣，行銷通路討論比較多的以網路商店為

主，網路商店如前所述，包括他人的平台，如「社群電商平台」和
「獨立電商平台」，及企業自己架設之自營網路商店。

搞出一堆思緒大亂的名詞

自從有電子商務以來，B2B、B2C 等名詞就生出來，也有
B2B2C、M2C（生產廠家對消費者），以及最近的 O2O，愈來愈有
學問。B2B 企業賣給企業，如鴻海幫蘋果代工，很簡單明瞭；但有
沒有人稱鴻海是 B2B2C 呢，因鴻海幫蘋果代工，蘋果又賣給各地
經銷商，再轉賣消費者？B2C 企業賣給消費者（個人），以飯店而
言，是 B2C 嗎？對消費者（個人）是，但若其也有企業客戶，則又
為 B2B，但若對旅行社呢？因其透過旅行社銷售，旅行社是經銷商，
所以也可以稱為 B2B2C，當旅行社的客戶是企業，要叫 B2B2B 也
可以。哈哈，思緒大亂了吧！

其實電商平台所指的 B2B2C 和台灣的百貨公司大體相同，一
家企業或品牌在百貨公司設櫃銷售，零售價由企業訂，百貨公司抽
成及附加費用由百貨公司及企業議定，全館促銷條件百貨公司訂，
自己促銷條件企業自己訂，企業自己管控庫存，銷售由企業派人
賣，貨款由百貨公司收再付給企業，有須售後服務一般由企業負
責，一般客服百貨公司及企業都會做。而 B2B2C 對一些有品牌的
產品，最大的好處是省略自己架設及管理自營網路商店的麻煩。

現在電商平台以 B2C 為主，台灣較著名者有 20 家左右；
B2B2C 主要有 Yahoo 超級商城、PChome 商店街、樂天購物網、
momo 摩天商城等；C2C 有樂天拍賣、Yahoo 拍賣等等；都是行銷
人欲行銷自己的品牌或銷售商品可以考慮運用的。

行銷沒有 internet 思維 只有死路一條

行銷自己的品牌並銷售商品若沒有將 internet 的元素思考進去，不要說未來，現在就已經活不下去。internet 思考無關是否開設網路商店，也不是電子商務專屬，而是任何想在大變化、快更新的市場環境中生存、不輸的企業，所須了解的思考。

所謂 internet 的元素不一定指開網路商店，包括自己的網站、社群網站的粉絲團，設置 QR code、App，或利用網路部落格等等，當然 internet 持續突破進步，新的工具也不斷推陳出新，不管如何變化，讓消費者很容易在網路上找到你或看到你，不論是在搜尋網路或在雲端的任何地方，就是有 internet 思維。

可能很多台北人不知道赤峰街在那裡，但你如果 key 赤峰街排骨飯進 Yahoo 搜尋，你一定嚇一跳。有 internet 思維就是要做到像這樣，雖然他是一家沒有品牌的小店，他自己大概也不會上網。

七項 internet 基本思維

internet 思維是什麼？以行銷環境及一般所熟悉的 4Ps 來說明：
1. 產品及價格將非常透明，消費者可以很容易很輕鬆在網上進行比較，競爭者也曝露在你面前，當然你也曝光。你如果像現在電商平台只會以低價行走江湖，不思附加價值的創造，那不如早早收攤；你如果只耽迷於電商招式技巧中，忽略產品仍是行銷之首，那也請早早收攤。
2. 以往常要依賴通路鋪貨推銷，現在多了一條網路商店，不管是他人平台或自己架設之自營網路商店，你可以與消費者直接互

動，增加了你被消費者信任的機會，也增加了消費者接受你溫度的機會。

3. 以往談到廣告，都是很傷腦筋的事，要拍片託播，現在成本省很多，也可以到處播，只要你的訴求有溫度，一大堆你不認識的人會幫你播，只要你有溫度就會有人緣，就會有人熱心的「用新台幣把你下架」。

4. 未來的 internet 及各項工具，包括社群網站絕對比現在「恐怖」，現在你都可以是具有自媒力的通路了，未來 internet 會怎樣，只能說「深不可測」，所以行銷人一定要知道「不學不能活」，只有不斷吸收新的事務才能活。

5. 現在的年輕一代已是「滑世代」，十年後，整個社會必然全部都是，而且還是「滑世代+」，大家各有各的資訊來源，愈來愈不會有「主流」，所以 4Ps 可能會愈來愈細分化。

6. 資訊愈來愈多，消費者會不會變得愈聰明，這當然，不用懷疑，但行銷人也在變聰明，所以行銷人能不能活，就看行銷人相對上是否比消費者及競爭者聰明，也看你所建立的信任與溫度的力道。不過資訊多也形成愈來愈複雜，真真假假，多少也會削弱消費者的聰明度。

7. 消費者，另有一名字叫「婉君」，對他們經歷過的，隨時都有圖文影音上傳，並會有個人感受的「加註」，速度及層面比新聞媒體厲害很多很多很多倍，由於是消費者，感受容易被其他的消費者接受，尤其是扮演「婉君」時的「監督」發言。

水能載舟亦能覆舟

2012 年 11 月網路出現「小小布丁錢可以讓他們得到大大的幫助，⋯，雞蛋布丁跟市售的統 X 布丁比起來，當然就是略為普通，

很簡單的作法，裡面每一口卻是這些孩子們和他們家長輩們的努力！不接受捐贈，自己做布丁來販售，很令人欽佩，非常值得誇讚！」，這是最近發生的「三姊弟布丁」事件的起源，2016 年 1 月網路又出現「現在三姊弟布丁被網友爆料，他們向外界哭窮，但實際上過著奢侈生活。」，瞬間成為眾矢之的，還引發三姊弟布丁阿嬤燒炭自殺，幸送醫無礙。頂新食用油之彰化地院判決出來，民眾嘩然，網路有人號召在大賣場「秒買秒退」林鳳營鮮乳「滅頂」，雖然沒有「滅頂」成功，但對頂新在台灣的經營絕對是一大殺傷。

結論一是：internet 思維是水能載舟亦能覆舟，internet 很容易讓一個品牌浮上來，也很容易淹沒它，更可能吞噬它。結論二是：結論一有些可怕，但在 internet 的年代，消費者都是「interneter」，品牌行銷人想離「interneter」群索居，是不可能的。

1.https://www.youtube.com/watch?v=vvrnG2Gn-pg
2.https://www.youtube.com/watch?v=O5KCpN41Gd0

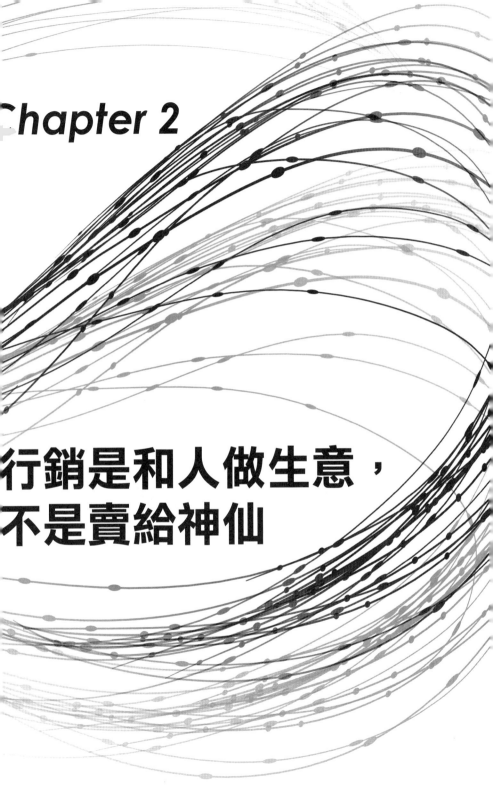

Chapter 2

行銷是和人做生意，
不是賣給神仙

|05| 光棍瘋了嗎

　　現代最夯的是淘寶、天貓之類的電商平台，每年到了 11 月 11 日，聽說中國人都瘋了，也有一些台灣商人好像也很 high。台灣人「三月瘋媽祖」，中國人「11 月瘋光棍」，要搞清楚行銷環境，我們就從電子商務著手。

不要誤認淘寶、天貓是電商主流

　　因為淘寶、天貓把電子商務炒得火熱，使一些人以為淘寶、天貓是電子商務的主流，是現代行銷的主體。然這並非正確的認識，internet 發達以來，行銷多了 internet 這項「大工具」，不會使用這項工具，行銷大概就下課了。

企業或品牌網路商店
通路示意圖

企業或品牌

獨立
電商平台 | 社群
電商平台 | 自營
網路商店

消費者或客戶

獨立電商平台：如博客來、momo、燦坤快3、GoHappy、udn、7net、PayEasy、myfone、大買家、森森、東森、FriDay、大閫娬、ASAP等。
社群電商平台：如Pchome、Yahoo等。
自營網路商店：企業或品牌自設網站。

　　但使用這項工具，還須有行銷的思維與邏輯；以一家企業的行銷通路而言，可能有實體通路 (有店面) 與網路商店通路 (透過 internet)，網路通路目前有自營網站與他人網站，他人網站有由入口網站發展來的「社群電商平台」如 PChome、Yahoo 等，及純粹購物的「獨立電商平台」，如淘寶、天貓、博客來等等，如上圖。簡單些說，行銷人可將「社群電商平台」和「獨立電商平台」喻為百貨公司或連鎖賣場，而自營網路商店視為專門店。

為什麼台灣比較不火熱

常有人會問我：PChome 和 Yahoo 在台灣發展的時間比中國淘寶、天貓得多，為什麼 PChome 和 Yahoo 不比阿里巴巴的天貓火熱？

這個問題實在很有趣，天貓雙 11 單日業績約當 4,723 億新台幣，不紅火也不行；雙 11 當天可以看到馬雲與一些天貓商城的商家在業績銀幕前蹦蹦跳跳，很像早期傳銷公司的年度大會，大家血脈賁張，不紅火也不行；也可常在各社群媒體上看到馬雲、阿里巴巴、天貓的歌頌文，這些動作，PChome 和 Yahoo 在台灣都沒做，自然沒有阿里巴巴的淘寶、天貓叫座。

台灣電商平台的經營思考和阿里巴巴並不相同，沒有誰是誰非，也沒有誰比較了不起的問題。台灣的電商平台業者都很清楚，「炫富」式的經營手法吸引不了消費者，必須著重特色差異的經營，也不必由拼規模切入競爭，所以幾大平台的主力商品線也各有不同，例如雅虎奇摩是流行精品類商品豐富、PChome 是 3C、家庭用品類商品齊全，momo 則是以美妝保健日用品占大宗，有些平台還會有獨家商品。

小心十足的賣方市場

如果你想在 PChome、Yahoo 或天貓商城開店銷售你的商品，除了了解不同平台的交易條件外，認真思考各平台的經營哲學與經營現況。其實，這與我們想在百貨公司設專櫃或在連鎖賣場及超商的思考差不多，進場要交多少、如何抽成、附加費用有那些、促銷

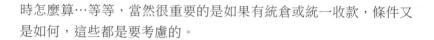

時怎麼算…等等,當然很重要的是如果有統倉或統一收款,條件又是如何,這些都是要考慮的。

基本上,行銷人要到電商平台設店,須認知平台是賣方市場,也就是在平台設店的條件是聽平台的,不管是台灣、中國或其他國家,差異只在條件的透明度。除非你是電商平台刻意提拔的對象,或是電商平台沒有你不行。對於中國電商平台,那種開口閉口 3-4 億用戶的霸氣,小心可能是十足的賣方市場。

電商平台刻意提拔如台灣益全香米,天貓不僅幫花蓮玉里米做電視專題報導,也與台灣網購業者 PayEasy 合作,在花蓮的稻田用彩色稻米繪製天貓的 logo《尋找貓咪彩繪稻田》[1],還把台灣館糧油類首頁的黃金廣告版位,免費送給益全香米。只可惜原先天貓信心滿滿的說:1 萬盒米放到天貓 3 億 7 千萬名用戶的大池子中,跟沒有一樣,多數人看得到、吃不到。結果雙 11 只賣了 4 千盒不到,其中有 3 千盒還是預購的。

通常是你可以帶來利潤、來客其他電商平台想要的目的,電商平台才會有你會更好,才有可能與電商平台談一下條件,例如 Uniqlo(優衣庫) 天貓旗艦店,據聞 Uniqlo 與阿里巴巴簽了一份類似「閉環輸出」的協議,即在阿里巴巴平台上成交的所有關鍵數據,都要迴流到 Uniqlo 的資料庫系統,也就是說,阿里巴巴平台的銷售數據只是 Uniqlo 一個可以完全掌控的子集數據。

不要忽視線下行銷

電商一詞,也許是現在行銷界最常被提到的名詞,尤其每年到

了阿里巴巴創設的雙11光棍節，行銷人好像不談一些行動消費、電子商務，就好像跟不上時代。

根據各先進國家發展 B2C 及 C2C 的電子商務經驗，電商多少會衝擊既有的實體行銷通路，但在可見的未來，並無取代或危及實體通路的跡象，除非產品相當規格化，且品牌的信任度極高，否則，電商只是扮演依附既有實體通路的效果，就是未來會朝第三方支付的 O2O 方向也是一樣。因此，在被雙11炒熱的電商風潮中，行銷人千萬不能本末倒置，一味關注電商的線上發展，而忽視了做好線下行銷服務的本身。

中國電商熱的冷思考

阿里巴巴的天貓雙11是很熱，一方面這裡面有很多玄機，亦被譏為假貨的天堂，不過他被炒成很了不起是事實。但我們不能忘了，阿里巴巴淘寶還有一個雙12萬能盛典，相對於雙11，我們幾乎無法在網路上看到雙12的營業情形，這或許可讓行銷人冷靜思考一下，為什麼沒公布？

從極少的雙12訊息中，我們看到這一篇：淘寶網「掌握消費掌握生活1212萬能盛典」活動剛圓滿結束，移動總成交額 (Mobile GMV) 佔商品總成交額比高達 45.8%，與 1111 購物狂歡節的 42.6% 數字相比，移動成交佔比繼續攀升。而 1212 當天，共有近 300 個城市的消費者選擇了淘寶網上各式各樣的生活服務，從網上課程到牙科服務等，反映「淘寶」已經逐漸變成一種生活方式。從線上到線下，消費者正在擁抱淘寶網的「萬能生活」時代。

相對於 1111 光棍都瘋了，這篇雙 12 的訊息，再比較雙 11 的各項訊息，是否難言之隱，或許可讓熱衷於中國電商熱的行銷人冷思考一下。

另外，中國也有人對電商愈演愈烈的同時，提出不能忽視有可能左右發展的幾個關鍵問題。例如第三方支付的安全問題，電商交易都在網上進行結算，而這個網上交易的過程直接關聯著用戶的金融個資，台灣對個資的保護極為重視，在中國早在 2013 年就出現支付寶數據洩露的事件，且還偶有發生，讓用戶遭遇無法挽回的損失。所以，如果支付安全得不到保障，那麼這一瓶頸很可能阻礙中國電商的發展。

其次，物流也是電商發展過程中不可或缺的一環。商品從賣家要到達買家手裡，必須由物流方來完成整個配送過程。隨著中國電子商務市場的不斷發展，京東、易迅、亞馬遜等採自建配送模式外，包括淘寶、天貓等則使用第三方物流。當電商企業間頻頻以價格戰討好消費者之際，物流業者就成為電商企業削減成本的羔羊，而這種傷害轉嫁到消費者身上，可能使物流抱怨日益增加，久而久之，損害到整個電商市場的氣勢。

1.https://www.youtube.com/watch?v=XyaqX4acSM0

|06| 看中國電商的貓狗雞鴨

　　要做出好菜色，先了解廚房，要進中國電商市場，自然要先認識與學習中國市場的環境與文化。有人說天貓雙 11 是虛假繁榮，也有人急呼別被馬雲那個王八蛋騙啦[1]，到底是怎樣，讓我們看下去。

從狗吠貓看中國電商市場

　　雙 11 是淘寶及天貓的商家將其宣傳為「狂歡購物節」，隨後其他電商也紛紛加入，雙 11 逐漸演變成中國的網路購物狂歡節，與其說是中國的，不如說是阿里巴巴的獨腳戲，因一方面阿里巴巴完全獨大，二方面在雙 11 根本沒其他電商講話的餘地，大概只剩花絮而已。有人說 2015 年雙 11 尚未開打，就煙硝四溢，京東商城先檢舉阿里巴巴脅迫商家選邊站，接著又宣布結束旗下 C2C 拍拍網，企圖藉假貨攻擊阿里巴巴。這在健康的市場環境裡，阿里巴巴可能因此形象受損而影響營收，但從阿里巴巴雙 11 的業績是看不到的，第 2 大的京東對阿里巴巴完全是狗吠貓 (京東商城的商標為狗)。

　　這兩事件，一是阿里巴巴要求其商家必須在京東與阿里巴巴的促銷活動中「二選一」，亦即平常同時在京東與天貓設店的商家，在雙 11 時只能擇一參加，因阿里巴巴之市場較京東強勢，商家只好乖乖選天貓，京東的產品力自然就被大大削弱，京東因而具名向工商總局檢舉阿里巴巴「妨礙正常市場競爭、損害消費者利益」。

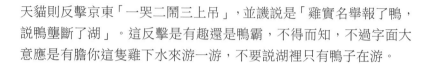

天貓則反擊京東「一哭二鬧三上吊」，並譏說是「雞實名舉報了鴨，說鴨壟斷了湖」。這反擊是有趣還是鴨霸，不得而知，不過字面大意應是有膽你這隻雞下水來游一游，不要説湖裡只有鴨子在游。

要學習強國文化

這例套用網路用語叫強國心態，是行銷人在中國市場經營不可不知的市場環境文化。另一例是京東在 2014 年與騰訊達成戰略合作後才併入京東的 C2C 拍拍網，拍拍網為中國第 2 大 C2C 電商平台，當時大家都以為將撼動淘寶 C2C 霸主地位。沒想到京東趕在 2015 年雙 11 前夕宣布停止拍拍網服務，3 個月後完全關閉拍拍網，理由當然很堂皇「無法有效杜絕假冒偽劣商品」，其實雙 11 被譏為是最大的假貨節，不只是針對阿里巴巴，京東的策略基本上帶有藉斷尾明志，指桑罵槐的意味，暗喻著我們重視假貨的管控，阿里巴巴沒有。但從阿里巴巴雙 11 的業績以觀，阿里巴巴並沒有受到影響，反而可能是淘寶不費一兵一卒笑納拍拍的業務。

阿里巴巴和京東的捉對有趣的還有與阿里巴巴交叉持股的蘇寧雲商稱：只要在蘇寧買到比京東貴的東西，通報三次後，蘇寧人員立即撤職查辦；蘇寧還發出嗆京東的宣傳標語「To 某東：老板若是真的強，頭條何須老板娘」，「電商是男人的戰場，不要讓女人扛槍」，暗批京東老板劉強東靠老婆奶茶妹（章澤天）炒新聞。京東也不甘示弱反擊，「To 某寧：獅子要是足夠硬，何須被小貓合併」，「秀不秀都有老板娘，強不強問你家馬郎」。這種企業競爭競到個人嘲弄的市場環境，與吟詩作對的文化水準，也是行銷人經營中國市場要認識與學習的。

天貓的退貨疑雲

　　約 4,723 億新台幣單日成交額，來自「阿里巴巴集團旗下中國及國際零售商務平台上，通過支付寶結算的商品成交額」，也就是同時包括了淘寶及天貓，兩者各佔多少比率不得而知，其中有多少灌水成分、有多少假貨、有多少退貨、有多少「專業交易」或稱「刷單」，對行銷人而言，還是把他搞清楚才好？

　　每年雙 11 在天貓國際晚會熱鬧背後總會開始流傳天貓超高的退貨率，例如 2012 年退貨率高達 36%；2013 年達 25%，部分商家更高達 40%；2015 年達 63%。天貓官方認為：退貨率毫無依據，純屬造謠，退貨率對商家來說，屬於商業機密，也不會公布。結果每每引發對雙 11 的質疑，指責雙 11 存在虛假購買，自賣自買等刷業績現象，而且大量浪費社會物流資源，造成訂單積壓，多個倉庫爆倉，雙 11 成交額有高比率成為泡沫。

　　以 2014 年網易財經由天貓平台統計的數據顯示，成交額排名第六的女裝品牌韓都衣舍近 30 天退貨率為 64.09%，退貨次數超過 18 萬次；成交額排名第六的女裝品牌 JackJones 近 30 天退貨率為 38.25%，退貨 65,947 次。雖然無法證明此些退貨率是因不當手段所致。但由與天貓簽有特殊協議的 UNIQLO 之退貨率有 19.12% 及退貨次數達到 175,565 筆，不難理解市場所流傳的天貓超高退貨率不是全無根據。

　　退貨率出現的原因，根據天貓官網統計有因品質問題退款、未收到貨物退款以及買家無理由退款三種原因產生的退款，不過在這之外，仍有較大比例的數據未列在官方標明的原因之內。以韓都衣

舍為例，最近 30 天總退款筆數為 180,681 次，其中因品質問題退款 2,752 次，未收到貨退款為 9,982 次，買家無理由退款為 101,783 次，這三種原因合計為 114,517 次，不屬於這三種原因產生的退款筆數為 66,164 次，高達 36.6%。小米公司則更為明顯，最近 30 天退款 74,991 次，屬於上述三種原因的僅為 22,600 次，不屬於這三種原因產生的退款筆數為 52,391 次，佔比更是高達 69.86%。

虛假交易的「刷單」

根據了解，居高不下的退貨率有一部分原因為「刷單」，如果沒有虛假交易的「刷單」，商品往往無法曝光，為了要曝光，一天刷一兩百筆是正常的，如果只是一個小商家就刷了一兩百筆，那那些年收超過億元的大商家，不知道要刷多少？而且，每年雙 11 的前幾個小時都是交易最瘋狂的時候，在交易的第 2 小時表現好的商家才能進入接下來的「主會場」，一些商家為了搶主會場，就把「刷單」當做主要手段，對參與商家來說，絕大多數平台上的優惠活動，都要求有一定銷量和一定的好評才可以報名，而且消費者有從眾心理，零銷量的商品，很難下決心購買，而通過「刷單」不但可以增加銷售，提升店鋪信譽與店鋪的排名。

不過，一般都會否認有「刷單」的手法，且天貓也會抓「刷單」行為，若抓住，店鋪會被懲罰。其實「刷單」行為在以前台灣電視購物也很流行，一般人不知道，常常笨笨傻傻坐在電視前聽著限時搶購的滴答聲，看著主持美女口沫橫飛，不自覺跟著緊張起來。

退貨率高導致商家毛利下滑

高退貨率的另一可能原因為消費者的衝動購買，7 天可無理由

退貨，致消費者無理由退款佔比亦不低，尤其是淘寶提供「退貨運費險」，消費者可於購貨時加購保險，商家也可購買，以在不影響消費者購物體驗的情況下，減少商家的可能退貨物流運營成本，但購買保險後，退貨率必然會增加，退貨率高，會被淘寶降權。

退貨率飆升加上降價促銷導致商家的毛利下滑，讓商家想在雙11的繁榮中獲利更為艱難。難怪在中國網站上有諸如「雙11天貓虛假繁榮」、「別被馬雲那個王八蛋騙啦」等負面批判。

美食好吃 必有原因

中國阿里巴巴的「雙11」被稱為瘋狂的購物狂歡節，2011年單日銷售額為8.2億美元，後逐年狂飆，2012年30.4億、2013年57.5億、2014年93億，2015年來到140億美元的單日銷售。短短五年的光景，爆量17倍多，先不論內外在因素如何，不禁讓人回想到1978年在台灣成立之台家公司，導入「老鼠商法」，成立次年營業收入9,043萬元，後逐年倍增，1980年20,362萬、1981年41,217萬元，1982年就因退貨爭議而瓦解。

很多人知道我嘴饞，常會推薦美食給我，我通常的回答是：好吃必有原因。一家企業，業績暴發好幾倍，也一定有不為人知的內外在因素。行銷人若只看到眼前的煙火而眼花撩亂，或看到媒體對其擦脂抹粉而信以為真，恐因此墮入煙火的花花世界，待煙火熄滅，捶手頓足已難回頭。

1.http://blog.udn.com/kalaok/19793346

|07| 競爭不是向人乞碗飯吃

我們把 sogo 稱為百貨公司，如果 PChome 是萬貨公司，那阿里巴巴則是億貨公司，我想尺有所短，寸有所長，「尺」和「寸」如果都定位得好，都知道各自在整體經濟產業鏈中的角色，發揮正常合理的功能，整體經濟產業鏈就會穩定發展，否則必有某一條產業鏈的某一根柱子會崩裂。

合理的行業搞成惡性競爭？

有人說淘寶把原本合理的行業搞成惡性競爭[1]，對馬雲的批判還不僅於此，有人甚至認為淘寶可能把中國經濟引向深淵[2]。或許這是杞人憂天，但以下論點亦值得行銷人參考，至少對未來的電商平台發展說不定也有一些參考價值。

由於淘寶的做法無疑將扼殺中國很多產業的創新力，所有的商品想參與競爭只有打價格戰，這樣一來，原本就假貨橫行的中國市場將失去原創的動力，而自甘墮落，淪為世界分工中最沒有價值的一環。淘寶為了一己私利，利用其在網購市場的壟斷地位，引爆各大商家進行價格大戰，從而坐收漁翁之利，表面上看，是為了網購消費者利益著想，實際上受害的還是消費者。

淘寶宣稱在火熱的網購中，網購的商品，又好又便宜，又方便，但有些不良的影響已漸出現，令人感覺到一種風雨欲來的不安。例如批發商、服裝店、3C 城、商場將會關門歇業，即使留下的也是

苦苦支撐，難以有富餘的利潤，北京中關村、深圳華強北商圈等一些以前舉足輕重的大市場已經陷入蕭條；很多零售店主失業，從業人員也跟著失業，店鋪租不出去，房東也只好失業。這一部分人是最先且最直接受到淘寶影響的。

未來淘寶的影像

未來的淘寶至少 90% 的賣家將會死光，剩下百分之 10 的大商家出現絕對的超級價格戰。淘寶的成立初衷是讓商家直接面對消費者，減少中間環節，讓消費者得到好處。這個成立初衷也許是好的，但是演變到今天，連淘寶也沒有想到會發展成消滅實體中間商，最後連廠家都不得不為了生存惡性競爭起來。將中國的很多產品幾乎變成沒有利潤又不得不做，且又出現虛假繁榮，即便賣得大街小巷到處都是，然而沒有人從中獲利。

當所有的商家被擺在同一個平台上面時，就會出現競爭過於殘酷的情形，就如同在一個鎮上只適合開一家超市，而你非要開兩家，三家，四五家一樣的道理，開一家超市能賺錢，開兩家還能保本，開三家只能大家都虧本，更何況淘寶開了何止幾萬家一樣商品的店。

利用人性的弱點和貪婪，讓我們把原本合理的行業搞成了惡性競爭，無休止的惡性競爭，最終影響中國的各個行業。

東京著衣的經驗

曾在國內網購女裝市場雄踞一方的「東京著衣」，已從中國阿

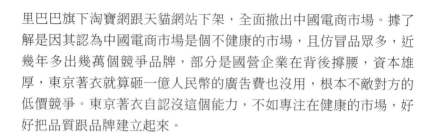

里巴巴旗下淘寶網跟天貓網站下架，全面撤出中國電商市場。據了解是因其認為中國電商市場是個不健康的市場，且仿冒品眾多，近幾年多出幾萬個競爭品牌，部分是國營企業在背後撐腰，資本雄厚，東京著衣就算砸一億人民幣的廣告費也沒用，根本不敵對方的低價競爭。東京著衣自認沒這個能力，不如專注在健康的市場，好好把品質跟品牌建立起來。

東京著衣早在 2007 年就進駐淘寶網，一度拿下該年度女裝銷售成長冠軍，全盛時期，中國營收占整體營收超過兩成，中國一年營業額最高曾攀上五億元；但後來不敵中國假貨、競品低價競爭，銷售額一路下滑，2014 年僅剩幾千萬元。

東京著衣沒有參與 2015 年的雙 11，一方面是平台上的假貨充斥，頻被消費者垢病，再者，雙 11 之後，流行商品的退貨率高，高達 50% 左右，對業者來說，風險太高，亦即在雙 11 之前要有足夠的備貨量，但也要承擔起這麼高比例的退貨率。另一個重要的原因是，經營品牌以及投入供應鏈的經營，雙方有所衝突。供應鏈希望產品愈便宜愈好，有愈多折扣愈好，但是這對於品牌經營是有所傷害的。

東京著衣正在調整腳步，除了退出大陸市場外，公司定位及角色也有所調整，該公司希望回歸到服飾的本質，定位為服飾業者而非電商業者，電子商務僅是通路的一種。

要符合人家的規則與文化才能生存

市場競爭本來就是適者生存優勝劣敗，中國市場有中國市場的

規則與文化，阿里巴巴有阿里巴巴的規則與文化，要去阿里巴巴的地盤做生意，只有去認識他適應他，才能生存，只有做得比他的規則與文化還多還優，才能不被淘汰。

台灣也有企業參加天貓雙 11，有些業績也做得不錯。第三次參加的「我的心機」面膜，是台灣前三大平價面膜品牌，2014 年新台幣 1.2 億營業額，2015 年也有約 1 億元；2014 年衝出 1.5 千萬元的糖村牛軋糖，2015 年也成長將近 100%；台日藥妝及韓國美妝商品的 86 小舖也成長三倍；樂利數位科技引進荷蘭超市 Albert Heij、可口可樂、好市多 Costco 等，開賣不到 1 小時衝破 2 千萬 RMB 訂單，單日則高達 9 千萬 RMB，較去年大幅成長 50%。

這些企業實在值得佩服，在國際品牌越來越多，能以台灣品牌與世界品牌同場競逐，我個人覺得這才是台灣企業及台灣電商平台要走的路，不過很辛苦。走開發國外市場的跨境電商本就要很多投入，商家要清楚不是產品擺進網路商店就 OK 了，以參加雙 11 為例，除了解人家的規則與文化外，應評估參加的目的為何，一味殺價與投廣告以衝刺營收，並非好事，或許適度的規模比較容易賺到錢。

台灣電商平台何必食人唾餘？

台灣的電商平台發展比較成熟，比較不像中國電商平台間那麼同質化，且不會為了盤面好看，而以不正方法進行瘋狂競爭，同一平台內價格殺到見骨。而且獨立與社群電商平台家數不少，經營各具特色，較難像中國有獨占的龍頭網站，雙 11 集光鮮亮麗於一身，號令天下，其他家都只當跟班分一杯羹。

　　為了防阻雙 11 搶奪台灣消費者，台灣電商平台業者也在這段時間備戰並同步舉行各種與「11」數字有關折扣優惠。在雙 11 當天，Yahoo 在早上 11 點 11 分推出「Yahoo 台港 1111 網購節」，包括拍賣、超級商城及購物中心三大平台也學人家當光棍，主打百大品牌 5 折起；樂天則在雙 11 前先辦快閃購活動；新蛋全球生活網首度雙 11，推出多項「超值商品限時搶購」；PChome 24h 購物以歡慶 9 周年活動為主軸，以限時搶購挑戰市場超低價吸引買氣，每日推 2 品「今日雙殺」優惠，於早上 11 點及晚上 11 點分別推出限時 12 小時搶購挑戰市場超低價等等。

　　為防市場被跨海搶奪，以免商機流失，但為何要跟著天貓學當光棍？以台灣電商平台的經營能力，應可互相切磋一下。當然這並不容易，因各業者的行銷策略思考可能都不大一樣。有人認為如果台灣尚未做出雙 11，也許可以選擇「打不贏就加入」，雙 11 已經創造一波買勢，我們順勢而為「結市」，同行相「濟」，買氣已成，我們像是「囚犯」，不跟著做就失去了那天的交易量，跟著做反而有機會。有人感嘆雙 11 像是「雙面刃」，犧牲利潤得來虛名，得利的終究是平台業者。也有人認為將其視為行銷費用，進而調整產品成本、行銷結構，如果全年總量與利潤還是成長的，那就夠了，因為這一天取得客戶的成本還是相對低的。也有人認為台灣能催生自有特色，足以媲美實體消費市場的網購節，而在此之前，登上別人的平台學習經驗也不差。

大家一起想想，才可以平安

　　台灣消費者要上中國電商平台沒阻礙，中國政府雖沒有擋台灣電商平台，但中國消費者要上台灣網頁不容易，對於含有新聞資訊

的購物網站，中國仍會屏蔽，自然不熟悉台灣的網站，這是台灣電商平台行銷及經營的先決條件，我們的政府很想在這方面協助整個產業，例如「打造網購無礙環境」、在中國設「快搜台灣」平台、舉辦「台灣網購節」等等，但或許政府還可再想想，如何才能更行行好。

台灣行銷人無妨深思一下，在這些疑問未明白之前，是否宜加入中國電商平台：(1) 電商平台控制商家的銷售價格、(2) 先提高價格再打折的噱頭 (天貓及京東皆曾因此分別被浙江及北京政府罰款)、(3) 可能須自己大量下單假交易灌水的「刷單」、(4) 超高的退貨率、(5) 須與偽劣假貨競爭等等，在網購客群逐漸飽和之際，雙 11 是支強心針，或是能讓電商平台可以走更遠，行銷人想想。

1.http://ww.daliulian.net/cat34/node592149
2.http://www.open.com.hk/content.php?id=2630#.Vr6h2rR96Hs

|08| 電商平台通路已到天花板？

「金樽清酒斗十千，玉盤珍饈值萬錢，停杯投箸不能食，拔劍四顧心茫然。」真的令人感慨，打開任何一種電商平台，面對的是數以萬計的商品，PChome 有 8,000 萬件商品，淘寶號稱有 10 億件，不知從何下手，也看不到路過的消費者，買起來實在很孤寂。

台灣的電商平台發展雖然很穩健，但經營環境也被阿里巴巴搞得發生變化，未來走勢又是如何，以下因素值得注意。

電商平台的利潤來自店家多

從大數據的推出，有人就認電商平台已經玩完了，雖然危言聳聽，但對行銷人而言，也必須了解其經營的主要收入來源，畢竟電商平台是目前被炒得最夯的產業，電商平台能賺錢，在他那裡開店，比較有保障，但賺太多，在那裡開店，行銷人可能相對上會賺少一點。

一般電商平台因 C2C、B2C、B2 B2C 等定位跟策略不同，在獲利的來源上有著不同的差異性。綜合各平台的收費，約略可歸納出電商平台的各項收入及獲利來源，不外乎 (1) 銷售抽成、(2) 教育訓練、(3) 入會費、(4) 單筆刊登、(5) 廣告收入、(6) 獨立子網域收入、(7) 平台維護收入、(8) 交易財務收入、(9) 其他可能的隱藏性附加費用等，收入會有幾種視平台性質而異，也和商家使用程度有關。

這些收入均來自商家，商家數商品數愈多，電商平台的收入可能也愈多，所以電商平台就須不斷吸引商家開店。通常我們常見電商平台的訴求流量大，即為吸引新商家開店之目的。而為塑造電商平台熱鬧搶手的氛圍，最常用的利器是所謂的「價格力」，比誰的價格最便宜。

電商平台裡子與面子的兩難

電商平台經營的良性循環，對平台是好事；流量大，也即人潮多，對行銷人在電商平台開店是好事；但店家及商品數多，對消費者是好事，但對行銷人不見得是好事，不過卻是行銷人必須面對的事實。

給消費者方便與給商家利益，並從而獲得電商平台的利益，這三者盡量維持均衡是台灣電商平台經營之所以穩健的原則。然店家多、商品數多，商品陳列被批評像美式超大型墳場，一個商品一張圖片，排排站，商品數很多，給消費者選擇的方便，但卻削弱商家曝光的機會。為了不讓消費者眼花撩亂，電商平台不得不自建導購網站，如 Yahoo 的「慾望牆」、樂天的「樂搜尋」，希望導覽出消費者的方便性，讓裡子與面子不致陷入兩難。

另有幾家主要的電商平台也紛紛打破原來設定的 C2C、B2C 界線，並增加 B2B2C，來提升商家曝光率及整體的品牌形象，但也使 C2C、B2C、B2B2C 漸趨同質化，各電商平台麾下的各平台，如 PChome 有露天拍賣、商店街、線上購物、24h 購物、購物中心、全球購物等平台，以往露天拍賣是針對個人賣家或是微型企業，商店街是針對中小企業，線上購物和 24h 購物的商家是被挑選過的企

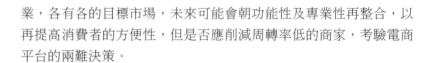

業，各有各的目標市場，未來可能會朝功能性及專業性再整合，以再提高消費者的方便性，但是否應削減周轉率低的商家，考驗電商平台的兩難決策。

網購缺體驗 難顯附加價值

現代行銷講究消費者體驗，消費者藉由對事件的觀察或參與，感受到某些刺激所誘發的認同思維或購買行為。簡單的說，體驗行銷不著墨於產品本身，而是提供一個知覺的、情感的、認知的、行為的情境，讓消費者與商品產生互動；不同於傳統的推銷方式，體驗行銷傳達的是消費者的觀感或使用心得，透過這樣的連結，除了能提高產品的附加價值外，也有助於建立品牌形象。

我們常說 3D 是科技進步的表徵，但若實體店面是 3D，目前電商平台還是停留在 2D 的層次，講實際一點是精美的產品目錄，唯一可以吸引消費者的就只剩產品圖片旁的價格數字而已，這也是為何我們所看到的行銷手法只有降價促銷。

或許未來網路技術可以讓消費者直接就在網路上與體驗商品產生對話互動，也或許未來 O2O 模式另有新的思考，但如果沒有，電商平台將沉淪於現有市場的價格紅海策略，很難突破目前的天花板。

阿里巴巴殺了自己養的老虎

台灣的電商發展相對於中國，因為物流高度發達、商業成熟、商家素質高，基本上是比較安靜正常的，但這幾年阿里巴巴的炒

作，雖帶動電商熱，但卻帶出瘋狂的氛圍，相對也影響台灣電商平台經營環境的秩序。以下幾項阿里巴巴的變化，可能會降低中國電商熱度。

導購網站的設立是為讓人潮變成錢潮，也就是引導流量購買，故導購網站是依附在電商平台，幫商家「拉客」，並與電商平台「分成」獲得利潤。阿里巴巴不但在 2009 年就自己成立一大堆導購網站，還成立開放平台，開放用戶、開放商品、開放數據，釋出應用程式介面 (API)，邀請外部各中小型網站一起為淘寶導購，大家一齊來炒熱市場，因而也培養出不少非阿里巴巴的導購網站。

這些非阿里巴巴的導購網站在淘寶的分成金額約占 20-30%，這占比已成養虎飴患之痛，阿里巴巴不得不下令：不扶持導購網站繼續做大。此令一出，引發了導購網站的惶恐，同時，淘寶又對商品連接埠進行調用規則調整，導致大量導購網站無法獲取到新的商品，成交量大受影響。中國電商熱度會如此高，甚至影響台灣電商平台的正常發展，多少與這些和阿里巴巴共同打天下的炒手有關，看來市場的溫度可能會冷卻一段時間。

數不清的民怨是否壓倒魔獸

90% 的店鋪虧本的傳言就比較震撼，紅花綠葉本就正常，但為數那麼巨大的商家虧本造成的流動，對淘寶絕對不會是好消息。何況阿里巴巴以價格戰著名，打出天下也打出商家的壓低成本與假貨充斥橫行，瘋狂的價格競爭在正規行銷稱為飲鴆止渴，淘寶和天貓不再瘋狂價格競爭的結局會如何，行銷人都瞪大眼睛在看。難怪有人發出警訊說：淘寶可能淪為一個賺不到錢的大倉庫。

中國商家對阿里巴巴的怨氣很多,是否會大量累積而爆發,導致天貓的商家大幅減少。這些民怨例如:雙 11 再度「人工造節」成功,輝煌的背後,卻是當機、缺貨、虛假促銷等糟糕購物體驗,消費者在過度宣傳下產生了耐受性,熱情已降溫。也有中小商家建議取消,並抱怨:實際收效有限,除了雙 11 當天,不過是把前 20 天的銷量都算在雙 11 而已。

另有一份據傳來源為淘寶搜索的數據顯示:2014 元旦期間,天貓店數減少 7,898 家,其中廣東天貓店關店數量約 1800 家。對此,阿里巴巴表示「無厘頭」,數據沒有出處,數量減少不代表不續約,如果商家違反天貓運營條例,也會被遮罩處罰的。

由於天貓的商家太多了,根本搜索不到,不做廣告來引流量很難有生意。但是做廣告,必須要付出極大的費用,天貓向商家收取的抽成不高,但要在天貓生存,還須通過「直通車」、「淘客推廣」、「鑽展」等購買流量。簡單說:天貓本身就是紅海,商家營運成本很高,難持續經營。

數不清的阿里巴巴民怨,會不會有清明的一天,也攸關台灣電商經營環境的發展。我們期待著。

雙 11 的價格是不是最便宜的?

真正上有政策,下有對策,其實天貓都看在眼裡。雙 11 的價格政策是:(1) 必須低於 9 月 15 日至 11 月 10 日期間成交最低價的九折,(2)11 月 12 日至 12 月 11 日期間不得低於雙 11 當天售價出售。

這規定看似雙 11 應該是 9 月到 12 月的最低價，然其中卻存有極大的耍弄消費者暗招，如：(1) 虛撰專櫃價，(2) 9 月初開始漲價，(3) 使用可免費索取的代金券。舉例說明：雙 11 前實際成交最低價 300 元，雙 11 以九折少 1 元標價為 269 元，專櫃價可隨便標，例標為 800 元，雙 11 的價格旁就會出現「低於 4 折」的標誌，大家互相自我感覺良好，說不定 9 月前未調漲的售價只有 250 元。雙 11 後同款產品賣 309 元，還能用 50 元的代金券，因代金券是可以免費索取的，亦即雙 11 後可用 259 元購得，比雙 11 當日便宜。

特約或特殊的剁手黨？

有一種消費行為很有趣，中國稱為「剁手黨」，專指沉溺於網路購物的人群，以女生居多，平日常於各大購物網站出入，興致勃勃地搜尋、比價、秒拍、購物，周而復始，樂此不疲，結果往往是看似貨比三家精打細算，實際上買回了大量沒有實用價值的物品。

雙 11 期間，很多商家大規模打折促銷，玩預售、拼價格、賽物流，吸引「剁手黨」的注意，但一項網路調查顯示：覺得雙 11 商品不便宜的占 64%，便宜的占 26%；而在雙 11 最擔心的問題中，商品價格虛高最受矚目占 35%，第二關心的才是商品品質，占 30%，物流速度占 17%。

雖然樹多必有枯枝，人多必有白癡，在本來就怪異的中國電商出現怪異的「剁手黨」，原本不足為奇，但有時想起阿里巴巴豢養了一堆老虎而後殺之，不自覺的為「剁手黨」捏一把汗。

突破天花板 唯有跳離流量神話

電商之存在因其將流量置於其 KPI 之首,這無可厚非,但其也深知人潮≠錢潮,然長久來一直以流量大為宣傳,在流量成長已趨緩,但商品數仍持續增加下,以流量大為基礎的「神話」,終會被檢驗。所以長久以來一個問題一直被探討:電商平台的流量最終是聚攏還是分散?這也是目前電商平台產業爭議性最強的話題。

百貨公司也講究人潮,但是百貨公司藉由不斷提升自己的服務機能,及與消費者的情感,來提升附加價值,庇蔭在百貨公司設櫃的品牌,百貨公司不會誇口他的人潮有多少,專注於其經營的本質。電商平台沒有這方面的思考與功能,最大的利器是所謂的「價格力」,比便宜、比品項多、比流量大,那有差異競爭的利基。

|09| 雲端走累了 還是下凡來吧

聖經出埃及記記載這段傳奇：埃及法老王後悔放走以色列人，就派人從後追趕，要把以色列人捉回來，摩西帶領以色列人走到紅海，向海伸出手杖，紅海便分開一條道路，摩西就帶以色列人走這條路，當埃及人入水追捕時，耶和華就把紅海的海水回復，將埃及人淹死於紅海中。

看來 O2O 是摩西的手杖

有人問我：當初就是電商平台搞垮了那些實體店贏得了市場，為何現在自己又開起了實體店？電商有搞死實體店的一萬個理由，那為何又回來找死？真是大哉問！法老王放走以色列人，又派人去追殺，派去的人最後都淹死在紅海。這回答當然是開玩笑，因為實體店並沒有被電商平台搞垮，台灣的百貨公司、量販店、超市超商、購物中心等主要零售產業還是一家家的開，沒有少掉那一家。

Amazon 2015 年底在西雅圖開了一家實體書店，促成了電商平台要將 O2O 落實的動力，O2O 的概念已好幾年了，但都未有大進展，其實幾年前還沒有 O2O 時，就常有從事網路商店起家的業者來問我要開實體店的問題。有一家是做蛋糕網路銷售的，自有品牌，他的理解很務實，他說：消費者從網頁看得到蛋糕漂亮，但聞不到蛋糕味，也感受不到人的味道與專業的味道，而且宅配蛋糕常變成蛋糕泥，客訴一堆；網路銷售只靠口碑，散播深廣度不知道，連買的人也看不到。

網路商店終究要下凡

我想網路商店的行銷人體驗不到他的消費者，消費者也體驗不到他買的商品與賣他商品的人，買賣雙方都在虛無縹緲中，擔任湊合買賣雙方的電商平台體驗不到買賣雙方的感覺，這是我覺得電商平台為什麼一定要下凡，不能再躲在雲端的理由之一。

另一理由是電商平台間只能在雲端打打殺殺，藉由 C2C、B2C、B2B2C 的整併或不同平台間進行價格競爭的紅海策略，而且每一平台內的商家也一樣都在進行價格競爭的紅海策略，整個雲端充斥大紅海小紅海，因此非得請出摩西的手杖 O2O 來劈開紅海不可。

O2O 是什麼東東

翻開各界對 O2O online to offline 的解釋，令人眼花撩亂，各種說法都有，如「線上促銷 線下消費」、「線上行銷 線上購買 帶動線下經營和線下消費」、「消費者在網路上付費 在店頭享受服務或取得商品」、「線下的商務機會與 internet 結合 讓 internet 成為線下交易的平台」、「在線上支付 再到線下去享受服務」、「借由行動網路 將客流從線上引到線下實體通路」等等。

O2O 可以簡單說是第三方支付或電子支付或行動支付，其實我們常用的悠遊卡、ibon 等或台灣網路商店的超商取貨、貨到收款、信用卡付款都是第三方支付的態樣，現在由於多了智慧型手機，可以照一下商品或掃一下條碼，就將購買的訊息傳予賣方出貨，並傳予第三方 (例如銀行) 扣款，故稱為電子支付。台灣的電子支付機

構管理條例 2015 年已立法，正式宣告第三方支付時代來臨，有些超商已提出秒付優惠，只要使用行動支付就有優惠。

由於台灣物流業者可以貨到收款，超商非常普及，取貨收款也很便利，交易信用已很成熟，所以電商平台自設實體店並不似中國那麼殷切。所謂 O2O 對台灣電商只是在各種第三方支付工具中，多了一種智慧型手機工具。

而在中國，因各種第三方支付工具並不是很成熟，所以 O2O 行動支付會較突顯。中國 O2O 著重於電商平台與實體店的合作，著名的家電賣場蘇寧在 2013 年改名為蘇寧雲商，推動「店商 + 電商」的 O2O 轉型，2015 年又與阿里巴巴交叉持股，深化「店商 + 電商」策略；京東則與永輝超市合作，另阿里巴巴在廣州開了首家淘寶體驗廳，淘寶會員可以在這裡用餐、體驗淘寶產品，京東也在北京開設智能娛樂體驗館。

未來的零售產業趨勢是 O+O

站在品牌行銷人的立場，我比較同意「線下的商務機會與 internet 結合，讓 internet 成為線下交易的平台」的解釋，也就是不必把 O2O 的概念侷限在行動支付，而是充分利用各項 internet 工具。我的想法是電商平台好像是高速公路的休息站，行銷人走高速公路是必要的，進不進休息站看需要，這也是 O2O，offline to online。至於電商平台如何讓行銷人走進休息站 online to offline，就要看電商平台自己怎麼劈開紅海了。

其實 online to offline 或 offline to online 只是一個誰是主體的問

題而已。當行銷人與消費者的對話、互動及體驗還在實體店時，O2O 的第一個 O 就是 offline 實體店，而不是電商平台 online。這也是 Uniqlo 在中國市場快速展店，因其已經找到了以品牌實體店為主體的 O2O 模式，藉由掌握 internet 的工具，將實體店經營的價值提升，而且是主流通路。

這也是為何我們一直強調行銷沒有 internet 思維，只有死路一條。縱然不是品牌行銷，而是只開一間實體店舖，不會利用 internet 工具，在 offline 活不下去，到紅海的 online，可能更無機會。已既有實體通路 offline 的品牌行銷人，當要發展 O2O，可以考慮從實體通路在地延伸去發展 online，已在網路開店的品牌行銷人則可以空降 online 來引導你的 offline。這個未來趨勢與其說是 O2O(不論誰 to 誰)，不如說是 O+O。

未來的零售產業趨勢是 O+O 線上線下一體，不論是實體店升天加入網路商店 (自營或加入電商平台)，或網路商店下凡開實體店，這其中都存在必須突破的轉型的障礙。

台灣由網路商店發展到實體店的實例

台灣由網路商店發展到實體店的實例不少，台北東區也有以女性服飾為主的網拍一條街，帶著在雲端使用的各項 internet 行銷技術走下雲端，充分應用到實體店的經營，一定可以給仍未充分應用 internet 行銷技術的實體通路行銷人，很多的啟發。

由網路商店投資經營實體店的行銷人普遍認為：解決網購缺乏體驗問題仍是首要，尤其是女性服飾或較高單價的商品，二是可增

加與消費者的互動，增加與消費者彼此認識；另多數店家也認為網路商店市場已達飽和，若僅僅擁有網路商店並不足以與同業競爭，因此拓展實體店面為其必要作為。

一家經營得好的網路商店，其中必有「消費者認為其很專業」的因素，也就是「達人」的意思，消費者想看看「達人」很正常，「達人」給消費者看也可增加經營的附加價值，所以，由網路走到「另一度空間」開設實體店，可讓客戶關係回歸到「人性接觸」，也可讓實體店扮演「聚會場所」，舉辦各種深化客戶關係活動，進而讓「品牌」有更合適的展現。當然，網路商店與實體店之目標市場可能不一樣，無形中，又達成新客源的開拓。

由實體店擴充至網路商店，不論自營或加入電商平台，運用 internet 工具是一大挑戰，由網路商店擴充至實體店，商店經營管理有太多太多的瑣碎，都是行銷人走 O+O 所必須學習克服的。在實務經驗中，由一個 O 擴充至 O 的初期，可能半年，也可能 2-3 年，心理的「認份」非常重要，因初期的投資報酬絕對很低，但投入的心血，面對新的瑣碎又排山倒海，因而常有失敗案件。所以，O+O 既然是必然趨勢，愈務實「初期」的期間就愈短，也愈不容易失敗。

|10| O+O 未來通路的大趨勢

不久前,一些企業 line 我,說去參加貿協的中國跨境電商之類的會,結果發現不是協助台商去中國做網路市場,而是鼓勵統包給特定物流公司出送貨收款,讓這些企業大失所望。

實體和虛擬通路一個樣

記得我前面說:實體通路與虛擬通路只是一體兩面,一個有穿衣服,一個脫光光而已。

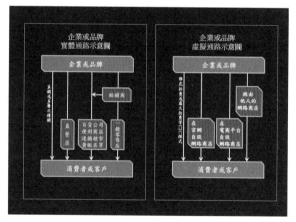

如果我們把實體店和虛擬通路的網路商店做一概略的對比,如上圖,便可更清楚了解網路商店原來就是那麼一回事,與實體店一模一樣,如此再也不致被花碌碌的「虛擬」弄得很「虛擬」。

台灣的實體通路目前大概已縮短到兩層,也就是對一些所謂的「孤家店」或是原材料的銷售,大部份由經銷商配送收款,一些比較小品牌或銷售量不大的商品,若要進大賣場,還是可能由經銷商

通路為之。大部份有品牌的食品及用品均會直接在百貨公司設櫃，或在 outlet、shopping mall 開店，或在大賣場、連鎖超商超市上架。比較高價位的產品有的自設直營店，另有的採人員推銷的方式，人員推銷又分直銷（單層）與傳銷（多層），傳銷在法律上有公平交易法管轄。

相對於實體通路，虛擬通路的雅虎拍賣或露天拍賣等 C2C 就好像直銷的人員推銷；自設網路商店，不論在官網或另外架設，猶如自設直營店；在電商平台自設網路商店類似在百貨公司、便利商店、連鎖超市、量販店等設櫃上架，不論是如 Yahoo 的超級商城、購物中心、服務 +、大團購、折扣城等；經由他人的網路商店，即在別人的網路商店上架也與經由經銷商銷售無異。

實體和虛擬通路的基本差異

由上比擬，實體通路與虛擬通路並無差異，或許可以這樣說：現在的實體通路是經歷多年市場及消費者的變遷，而演化來的企業（品牌）與消費者（客戶）交易的模式，虛擬通路也是依循此交易模式。所以，在電商平台之網路商店銷售，要給電商平台抽成並付附加費用，相同於在百貨公司設櫃、在超商超市、量販店等上架，要給百貨公司等抽成並付附加費用；自設網路商店自己賺，亦同自設直營店。

然而基本的差異在於消費者是在實體通路付款取貨，而虛擬通路則是消費者經由第三方代收（亦可直接匯款），並經物流宅配送貨。由於此基本差異的存在，使實體通路與虛擬通路的經營重點不同。

由於虛擬通路是透過 internet 進行，其約略有以下幾個特色：

1. 無時間、地域或篇幅限制：internet 到處都可以上網，沒有時間及空間的限制，行銷人在安排自己的網頁也沒有篇幅的限制。由於網路商店進入門檻不高，建置容易且可以迅速擴充，競爭者要進入亦很容易，相對上網路行銷的競爭壓力變大。

2. 行銷成本不低：網路行銷雖然可以全年無休地運作，但是競爭者亦多如過江之鯽，網路上也看不到路過的消費者，因此只能靠不斷打響知名度來吸引消費者拜訪網站，行銷成本不低。

3. 消費者進行商品的比較變得容易：消費者很方便可以瀏覽不同網站，進行的商品及價格以及其他交易條件的比較，對行銷人之壓力會變大，且消費者在滑鼠按鍵之間即可轉換廠商，因此忠誠度較不易建立。

這些特色中有一點很值得行銷人揣摩，即進入的門檻不高，致大家（競爭者）都能進入，不論是自設網站或在他人網站開店，雖然看起來很聚集人潮，也雖然有所謂的評價制度，但行銷人摸不到消費者，消費者也摸不到行銷人及商品。

也因為消費者與行銷人及商品間，彼此互相體驗不到，只能依賴數字來感受，因此我才會認為未來的經營趨勢是 O+O，線上網路店與線下實體店一體。其實這趨勢亦與台灣發展多層次傳銷雷同，傳銷一般強調不設店面不做廣告，將節省的租金及廣告費轉成銷售獎金，很多年前，我覺得消費者與傳銷商會沒有歸屬感，因此建議 Avon 雅芳要設服務中心，Avon 也破例在台北信義路設了第一家，到如今，安麗、綠加利、美樂家等台灣主要多層次傳銷公司在各縣市都設了服務中心，讓傳銷商與消費者都能隨時「回家」。

上雲端開店的通路策略

就好像實體通路一樣，企業依其需要選擇一條或數條通路，在虛擬通路亦然，對於全然無網路銷售經驗的企業，無妨先上 C2C 去玩玩，體會一下與消費者的互動、金物流及商品的表現。就玩一玩，反正不花多少錢。另外也可玩玩臉書或其他社群網站，體會一下吸引粉絲的方法並了解相關生態。

不要以為在 C2C 和社群網站玩玩就能夠有一絲的回饋，沒有效益是正常，重點只在熟悉與行銷相關的網路生態，尤其是那些 opinion leader 及 reference group，以及置入行銷的操作。

熟悉以後，先設自己的網路商店，把品牌在網路上的「家」建立起來，讓想在雲端和你相親相愛的「路過」，有個駐足的地方。自己的商店要如何佈置出品牌形象與風格，行銷人可隨心所欲，不似到電商平台設店有人家的格式。這時你必須學習與消費者互動，與 opinion leader 及 reference group 互動，並執行置入行銷；做為一個「家」，不論用多少 App 或 QR code 都要設法把「路過」接回「家」。

有了以上的經驗與準備後，就先由台灣平台之 B2C 或 B2B2C 通路走起，然後再到國外的 Amazon、Yahoo、PChome、eBay、天貓等平台去嘗試一下，至少可學習到不同市場不同之產品或訴求策略。

以上是由實體通路增加發展虛擬通路的具體階段策略，是針對經營品牌的行銷人，若只是賣東西，不是賣品牌者，就無須那麼麻煩。

下雲端開店的通路策略

若是由虛擬通路增加發展實體通路，基本上都是在電商平台之B2C 或 B2B2C 有一定的知名度者，我對他們的建議是要準備較充足的營運資金，因每天一開店，人員薪水、房租、水電、勞健保等等費用就要付；二是人員訓練要做好，也要為人員流動做準備，消費者逛網路商店主要看到產品與價格，但逛實體店則是接觸到人，很多狀況是人的溫度夠，產品自然就變美麗，價格自然就變合理，這是截然不同的經營概念。

縱然你強調平價或低價，也要把人員訓練好，在網路商店可能平低價大家搶，但在實體店，如 Zara、Uniqlo、H&M、Forever 21，他們的人員訓練絕不會因平低價而馬虎。

三是實體店累積客源不易，其實網路商店也一樣不容易，本來都是要花時間的，不過既然每天一開店就要付很多費用，也既然實體的「家」已建立，可常常辦一些知性活動，甚至 party，不斷蓄積人氣，不是促進買氣的促銷活動，只要讓潛在消費者喜歡這個「家」，那就成事了。

四是善用在網路商店的公關或置入行銷手法，把人脈借用到實體店來，當然包括 App 或 QR code 或社群網站的運用，除非行銷人原始設計之網路商店和實體店的目標市場是分開的，否則兩者是一體，講究的是 O+O 的綜效。

Amazon 的消費者滿意指標

把消費者擺在第一位的 Amazon 以客為尊聞名，其認為消費者滿意是在電商平台成為成功商家最重要的因素。 Amazon 有一套評核滿意度的指標，包括 11 個項目，可做為行銷人的參考。

1. 訂單缺失率訂單缺失包含 1-2 顆星的負評、A -Z 擔保索賠申請和拒付信用卡占總訂單的比率。訂單缺失率通常要求不超過 1%。

2. 出貨前取消率 (Pre-fulfillment Cancellation Rate)：即商家在出貨前取消的訂單占總訂單的比率。出貨前取消率通常要求不超過 2.5%。

3. 出貨延遲率 (Late Shipment Rate)：指延遲出貨的訂單占總訂單的比率。出貨延遲率通常要求不超過 4%。

4. 完美訂單率 (Perfect Order Percentage)：即過去 90 天內無上三項缺失之訂單占總訂單的比率。完美訂單率通常要求要超過 95%。

5. 退貨不滿意率 (Return Dissatisfaction Rate)：包括 (1) 商家在 48 小時內未回應消費者提出的有效退貨需求, (2) 商家拒絕退貨不被接受, (3) 消費者退貨負評占總退貨數的比例。

6. 違反政策 (Policy Violations)：Amazon 很重視智慧財產權，如果賣仿冒品或假貨被消費者或競爭者投訴，累積到某一程度就會被撤銷帳號。

7. 準時到貨率 (On-Time Delivery)：即消費者在預估時間內收到貨的比例。

8. 有效追蹤率 (Valid Tracking Rate)：包括 (1) 有物流單號碼, (2) 號碼可有效追蹤, (3) 商家與物流商須完全配合。鞋子和辦公室用品商家的有效追蹤率通常要求要超過 95%。Amazon 很重視有

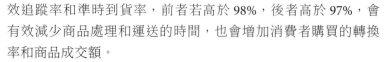

效追蹤率和準時到貨率,前者若高於 98%,後者高於 97%,會有效減少商品處理和運送的時間,也會增加消費者購買的轉換率和商品成交額。

9. 商家回覆時間 (Contact Response Time):商家要在 24 小時內回覆消費者所發的訊息。Amazon 的研究顯示商家回覆時間在 24 小時以內會減少 50% 的負評。

10. 訂單退款率 (Percentage of Orders Refunded):指消費者被退款的比率,可能是商品庫存不足,商家才會取消訂單。

11. 客服不滿意率 (Customer Service Dissatisfaction Rate):當商家回覆消費者提出的問題時,Amazon 會馬上另外詢問消費者:商家的答覆是否有解決你的問題。若消費者因答 No,就會被列為對客服不滿意。客服不滿意率通常要求不超過 25%。

以上的 11 個客戶滿意指標對經營網路商店而言,是很具參考性的 checklist,可以檢視哪裡沒做好,或哪裡可以更精進。從事電子商務,因為摸不到消費者,消費者也摸不到你,所以更應從消費者的立場來思索服務。

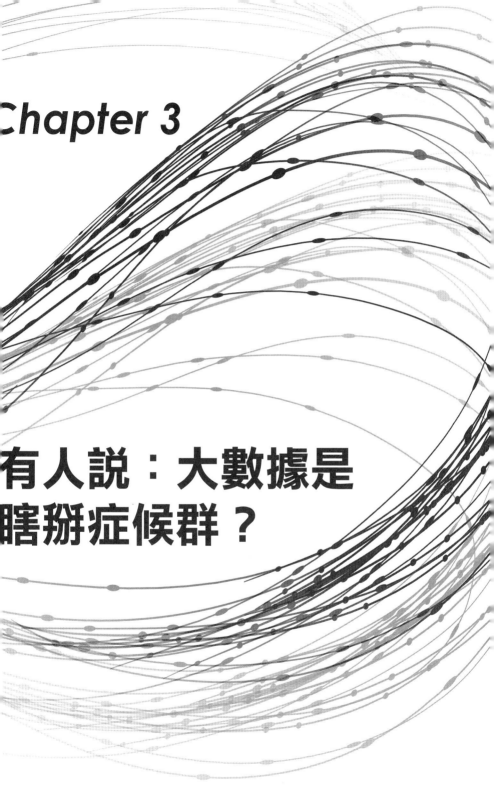

Chapter 3

有人說：大數據是
瞎掰症候群？

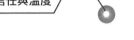
▎11▎ 大數據成為另一顯學

　　談到「大數據」，不知不覺就感覺偉大起來。尤其台北市長柯P在他的書中說：「我是個相信科學、相信數據的人，因此這次選戰也是大數據打法，務求得到最好的行銷效益！很多人說我的優點是講真話，但講真話的背後，是因為我非常相信數字、相信科學，我是一個很理性的人。這次選戰，很多行程都是數據計算出來的，跟以往最不同就在於完全沒有經驗、完全不靠感覺，而是重視科學。」，讓我決心掃一掃地上的雞母皮，行銷人非常重視數據，但絕不敢把大數據和講真話、理性、重視科學、可以得到最好的行銷效益等劃上等號。

大數據的概念

　　「大數據」（Big data 或 Megadata）指的是藉由網路爬蟲技術，大量爬取新聞媒體、智慧型手機、平板、電腦等媒體載具等之Facebook、Twitter、WeChat、Youtube、Instagram 等社群平台及部落格之內容，進行資料分析，達成尋找最新的趨勢、群眾喜好等目的。

　　資料處理量由 100 TB（Terabyte 兆位元組，中國稱為太位元組或太拉位元組，1TB = 1,000 GB）至 1PB（Petabyte 拍字節，1PB = 1,000 TB），有人認為才能稱為「大數據」，由於資料量大到無法透過人工在合理時間內達到擷取、管理、處理、並整理成為我們所能解讀的形式的資訊，故又稱為巨量資料、海量資料、大資料。

　　把 internet 比喻成一個蜘蛛網，所謂網路爬蟲是指網路蜘蛛 (Web Spider) 在網上爬來爬去的蜘蛛，網路蜘蛛通過網頁的鏈接地址來尋找網頁，從網站某一個頁面（通常是首頁）開始，讀取網頁的內容，找到在網頁中的其他鏈接地址，然後通過這些鏈接地址爬到另一個網頁，一直爬下去，直到把整個網站所有的網頁資料都抓取完為止。

　　平常常會看到「人肉搜索」，一個不認識的人或一件事在很短的時間內被「起底」，如果我們已覺得好厲害，那如網路爬蟲等之尖端數據處理技術的厲害性就更不在話下了。

數據與大數據

　　數據處理與「大數據」處理的差異應該是「大數據」較偏向於不特定的資料的搜尋處理，不特定的資料指的是所謂開放資訊 (open data)，藉網路蜘蛛等尖端技術爬取的，也就是數據處理與「大數據」處理的差異主要在資料來源。例如《解讀大數據》[1]Google 從每天將近 30 多億筆的搜尋資料，挑出一般美國人常用的 5 千萬個搜尋用詞，再與美國疾病管制局的流感統計資料比對，透過不同的數學模型推算出未來可能爆發疫情的地區及可能的時間點。結果發現 Google 所提出的預測與美國疾病管制局的資料非常的符合。

　　30 多億筆的搜尋資料，當然是很大的數據，而在我們平常看得到的數據處理其實也有很多是「大」的，只不過因其非 open data，故沒人會炫耀為「大數據」，例如捷運票證系統，出入境 e-gate 系統，其數位化的資料恐怕也真的不小。

也就是說「大數據」只是一個名詞,當初命名時有些炫耀,而後鼓吹者又太過神化「大數據」,以致於質疑聲四起,被譏為瞎掰症候群[2]。

其實,我的第六感認為大數據的瀰漫應與一些大電商或入口網站有關,大電商手上握有的消費者資料,入口網站所擁有的瀏覽歷程習慣資料都極為龐大,如何使之「生財」才是大電商或入口網站垂涎的。

大數據只是名字有個大字而已?

大數據鼓吹者認為在商業、經濟及其他領域中,決策將日益基於資料和分析而作出,而並非基於經驗和直覺。但有些人對 big data 的 Big 並不感興趣,他們甚至認為這是商學院或顧問公司用來譁眾取寵的炫耀名詞,看起來很新穎偉大,其實資料分析之判讀本就不是用直覺或跟著感覺走,大數據只是把既有的資料分析重新包裝,並不是一件新興事物,之前許多學術研究或者政策決策中也有使用大量資料來支撐的。

的確,以往沒有電腦,故發展出統計的抽樣方法,現代的電腦運算極為進步,當然可以把很大的資料量倒進去讓電腦跑,變化任何變數,可能只要按個鍵,另一組答案瞬間就跑出來,若在沒電腦年代換一個變數,就可能算到哭。所以並不是資料海量值得重視,而是電腦運算讓海量資料得以有存在的價值。另一個讓資料得以海量的核心是影音資料數位化以及抓取資料的技術,沒有這些技術,數據想大也大不起來。

好像吹牛吹過頭了

美國大數據分析與儲存技術公司 Teradata 首席技術長 Stephen Brobst 也說得坦白，他說：我相信在五年內我們就不會再使用「大數據」這個名詞了。

Stephen Brobst 認為：一般以為大數據就是指大數目的數據，事實上，這是大數據中最無趣的部分，我們真正在尋找的是未曾被挖掘過的新資料，並且從這些資料中去提煉出價值，在五年內應該就不會再使用「大數據」這個名詞了，因為大數據就只是資料而已，不過是數據的一種，大數據、小數據、結構化、非結構化的資料…這些稱呼通通都不重要，因為這些都是資料，這是為什麼大數據這個名詞將會退燒的原因。

阿里巴巴副總裁車品覺在接受《數位時代》專訪時，也有類似觀點：忘掉大數據吧，如果大數據已經成為常態元素，何必特別講出來呢？車品覺認為，大數據只是創新決策的一種新工具，不用把它想得太萬能，不是所有的問題都是數據問題，也不是所有的問題，大數據都能解決，不用太神化它，太多的行外人把它講得很神，反而我們業內人不敢說得太神話，因為知道兌現不了。

又來一個大智慧

也有人說：big data 這個名字事實上是有點誤導，真正賺錢的是從大數據萃取出來的大智慧（Big Intelligence）。我覺得不必再用這麼神格化的名詞，要大智慧，平常多唸幾遍文殊菩薩智慧咒，不然多找幾家算命仙也可以。

所以，行銷人要認清數據大不是可炫耀的，不必跟著起鬨，重點在於如何分析所掌握的資料，如何解讀周遭環境的因素，配合掌握的資料判讀出應有的因應對策，坦白講，過程要用智慧，產出是不是智慧果，就看過程用了多少智慧。

第一個失業的將是算命仙

在尖端的數據處理技術不斷發展下，提醒行銷人：第一個失業的將是算命仙。

把姓名及成就、生辰八字、星座、臉部圖像、骨骼 3D、居住環境等輸入，數位化形成大數據，那些看面相的、排塔羅牌的、摸骨的、算紫微斗數的、起四柱的、姓名學的、看風水的大概都要失業了。以後總統也不用選，把全世界偉人的生辰八字等等輸入，再與 2,300 萬人比對，大數據一下就有了。

|12| 你今天大數據了沒

　　「大數據」的名字雖然讓人不太能接受，但「大數據」不斷被討論，不失為好現象，提醒大家注意，在尖端的數據處理技術不斷發展下，以前未能數位化的資料，現在已能數位化並加以運用，因此可以理解還有許多資料尚未被挖掘，許多資料充滿價值，所以行銷人還是要去了解「大數據」是什麼，也要知道怎麼用他。「大數據」的概念是要我們挖掘更多面相的，就好像本書再三強調：行銷的精髓是「認識環境 縮短距離」，絕對要搞清楚狀況，挖掘蒐集愈多資料，就是認識環境的實踐。

大數據人在說的 5V

　　在原始的「大數據」思維裡，有兩個很重要的立論，一是「擁抱不精確」，即資料出點差錯也沒關係，因為資料的數量遠比資料的品質更重要，只要握有巨量的資料，即便資料有瑕疵，也能被稀釋。二是著重「找到相關性，不再追求因果關係」，也就說不必知道「為什麼買啤酒的人也會買尿布」，只要知道「買啤酒的人也會買尿布」就行了。所以一般以 3V，容量（Volume）、速度（Velocity）與多樣性（Variety）來定義大數據。

　　但目前最新的講法是 4V 或 5V，也就是再加入真實性（Veracity）和價值（Value）。其實加入「真實性」就有點挑戰「擁抱不精確」的原始立論，加入「價值」也意謂著「因果關係」的必要性，因大數據既是不能忘卻創造價值，那為什麼創造出來的是價

值,也要搞清楚,亦即 4V 或 5V 的大數據思維已思考「為什麼有相關性」為滿足。

目的不確定,數據愈大愈頭痛

若只針對行銷或企業經營,回歸至「大數據」之資料來源,包括開放資訊 (open data),也可說由網路蜘蛛爬取來的資料,以及非開放資訊,例如客戶的店內走動情況以及與商品的互動之影音。不論是網路爬取或影音數位化,容量一定大,透過電腦運算,速度也無庸置疑;網路爬取的資料多樣性很廣,只是行銷人在運用時,要設定目標,以免被大量資料弄渾。input 的資料愈多,得到的 output 愈具參考性,但若目標不確定,資料愈多必然也愈頭痛,亦愈不可能讓判讀出的因應對策有價值。

雖然巨量的資料可以稀釋資料的瑕疵,但網路上的資訊真真假假,有時重覆亦甚嚴重,這也是考驗資料真實性的所在,除非爬取的資料能逐筆被檢視,但既是巨量又要講究速度,行銷人在不得不相信下,還是得藉由周遭環境因素的解讀來驗證概括的真實性。

行銷人要有大數據的概念

雖然「大數據」的名詞有些膨風,但數據分析能運用多量的資料來支撐,相信也是正確的,所以說行銷人要有「數大便是美」的大數據概念,不論在行銷面或企業經營面。至於大數據的來源是由網路爬取或自己建立,完全視自己的經營需要與成本考量。以下為許多行銷人運用大數據的實例。

譬如說我們透過影相數位化可以計算出在台北東區、不同年齡、女性所穿衣服的樣式、顏色、搭配，也可以計算出單獨逛街、與男友一起或與女伴同遊之衣服變化，而此數據的運算對掌握不同目標市場消費者的新產品開發就有很直接的用處。又如可以蒐集網友討論汽車的 C/P 值，從而了解不同消費階層對 C/P 值各項指標的在意程度，此有益於定價策略的思考。當你覺得大 Y 小 Y 太假掰，想改用素還真、九界佛皇、Kitty 貓、小叮噹、羅傑船長、雷利冥王、鋼鐵人、聶風或步驚雲中的一個來做為促銷的代言，就可自大量的數據中，看出網路上誰比較符合你的目標市場、形象以及促銷目的。

在產品上市後，亦可由大量的數據廣泛地了解消費者使用的經驗，有沒有讚美，有沒有訐譙，做為售後服務或推出新產品的參考。如 Microsoft 會藉由對論壇、社交媒體之內容訊息爬抓，來即時發現消費者對微軟產品和行銷活動的反應。例微軟 Win8 發佈後，就同時採用了傳統數據收集 (消費者滿意度調查) 和即時數據蒐集 (網路資訊) 的兩種手法，並將兩者產生的數據結合進行分析，尤其後者是以日為單位，能夠使微軟對市場做出更快的反應。

數據分析其實早就有了

一些零售業也追蹤客戶在店內走動情形及與商品的互動，並將這些數據與交易記錄結合分析，從而分析出銷售哪些商品、如何擺放商品以及何時調整售價。當然分析的數據愈大愈好，例如每天有數百萬人在 7-11 消費，每刷一次條碼就代表一筆銷售資料儲存進 POS 服務情報系統的資料庫。從每一家門市訂單的處理、數千種商品的管理到每日門市銷售資料的蒐集和分析，整個 7-11 都是圍繞

著具有強大情報分析能 的 POS 服務情報系統運作。

對以方便購買為特點的便利商店而言，氣候的變化與消費行為有相當的關連，其對訂貨、銷售品項、陳列位置和陳列面積等眾多方面均有直接的影響，當然一般我們可以參考氣象局發布的氣象預測，也可以根據往年的慣例、明顯的季節變化以及其他可預見的因素來制訂行銷方案，然而對密佈的便利商店，「東山飄雨西山晴」已不足以掌握消費者，要細到「東街飄雨西街晴」才行，所以在日本，7-11 每天固定五次記錄門市之天氣動態，長期累積各店的天氣大數據，以抓住各店之氣候變化商機。簡言之，消費者在冬至會買湯圓，但不見得買冬衣；冬衣會在什麼時候買，不是「大約在冬季」，而是在天氣冷的那一天。

買啤酒的人也會買尿布

在「大數據」的成功案例中，「啤酒與尿布」的實例常被引用。一家德國大賣場利用大數據去找行銷的賣點，發現「啤酒」、「尿布」、「星期五 (下班以後的時段)」、「男人 (上班族有家庭有小孩的男性消費者)」四個變數有相關，於是在賣嬰兒紙尿布的附近，陳列各種不同口味的啤酒，方便購買嬰兒尿布的男性上班族關聯購買啤酒，根據大賣場的銷售統計，此一改變直接帶給大賣場相當豐碩的業績。

這個案例硬拗成現代「大數據」的功勞實在不必要，其實十餘年前的 POS 系統便很容易可以運算出「在星期五下班以後，啤酒與尿布有關聯性購買行為」的現象。

不問「為什麼」，那只是玩數字

現代「大數據」的立論不談「為什麼啤酒與尿布有關」，這對行銷決策的擬定是很危險的。在正常的行銷決策過程行銷人一定會深入去了解「為什麼」，因為了解「為什麼」是驗證「在星期五下班以後，啤酒與尿布有關聯購買性」現象的必要程序，並藉由知悉「為什麼」，來擬因應對策。

「因為有關聯，所以陳列在一起」，或許是針對喝了啤酒容易尿失禁的直接思考，行銷人正確的思考不會如此直接，因有關聯的原因是：許多男性上班族因為太太要求在星期五下班經過大賣場要買尿布，以補充家中的嬰兒尿布，於是許多男性上班族會在購買嬰兒尿布時，會順便買一些啤酒回家喝。既買啤酒是為大人的娛樂休閒，說不定行銷人會讓啤酒與尿布的陳列，相隔一小段距離，中間加強啤酒零食的展售，並請幾個辣妹來搖一搖。這就是了解「為什麼」的必要性。

▎13▎「數大　便是美」？「數大便是美」？

　　碧綠的山坡前幾千隻綿羊，挨成一片的雪絨，是美；一天的繁星，千萬隻閃亮的眼神，從無極的藍空中下窺大地，是美；泰山頂上的雲海，巨萬的雲峰在晨光裏靜定著，是美；大海萬頃的波浪，戴著各式的白帽，在日光裏動盪著，起落著，是美；愛爾蘭附近的那個「羽毛島」上棲著幾千萬的飛禽，夕陽西沉時只見一個「羽化」的大空，只是萬鳥齊鳴的大聲，是美；…數大便是美，好個徐志摩！

大數據是數大還是數大便

　　大數據是數大，沒有疑問，會不會加料成數大便，讓我想起喧騰 2015 年的食用油宣判。當時台灣大學楊泮池校長說：他不懂為何原料有問題，透過科學方法就變成沒有問題？有害的東西，透過科學方法就變成沒有害？此舉將讓台灣變成全世界的笑話，告訴別人「台灣的黑心食品沒有罪」。鴻海郭台銘董事長也說：賣食品做油，應該告訴大家原料是什麼，不能說買舊的原料來回收使用不告知，連廢紙回收都要註明是再生紙，這是基本問題，如果事先說明是回收使用，即使是大便提煉，只要符合檢驗標準，有人敢買那大家沒意見。

　　在統計學之概率理論中，大數法則 (law of large numbers，LLN) 是描述多次數重複實驗的結果的法則，根據這個法則，樣本數量越多，則其平均就愈趨近期望值。大數法則「保證」了一些隨機事件

均值的長期穩定性。在重複試驗中發現，隨著試驗次數的增加，事件發生的頻率趨於一個穩定值，譬如說我們拋一枚硬幣，硬幣落下後哪一面朝上，本來是隨機的，但當拋硬幣的次數足夠多，達到上萬次甚至幾十萬幾百萬次以後，就會發現，硬幣每一面朝上的次數約占總次數的二分之一。

數愈大，結果愈客觀，這無疑慮，問題在於 input 的數是什麼？在網路隨機爬取的數如何，關係到 output 的結果。行銷人運用大數據，可以參考楊泮池校長和郭台銘董事長的邏輯。

基本價值忽略

幾年前，世界知名的行銷期刊 Journal of Marketing，有一篇關於「基本價值忽略」(Base Value Neglect, BVN) 心理的實證研究，結果很有趣，提出來給行銷人制定促銷策略時參考，或當大家去買東西時，小心這個奇妙的數字心理。

在零售通路中，我們常會看到兩種促銷手法：(1) 產品加量不加價及 (2) 產品打折。當你要購買同一種商品時，產品免費加量50% 或 產品給予 35% 折扣優惠你曾想過你會怎麼做購買決策嗎？

首先研究人員在一家商店中，針對架上同品牌同一個產品，採用不同的促銷，一個是加量 50% 不加價，一個是打 35% 折扣優惠。結果消費者選擇加量 50% 不加價的比 35% 折扣優惠多出 15%。這結果令人驚訝，因為加量 50% 換算成折扣為 33.33%，折數實際上是低於 35% 折扣的。

　　為甚麼會有這結果，研究人員認為，因為大部分的人都忽略了基本價值 (BVN)，反倒被比較大的數字給迷惑了，當傾向忽略基本價值的消費者愈多，選擇加量 50% 這個數字看起來比較大的促銷商品的比率就會愈高；相反地，相對地當消費趨勢偏向在意基本價值時，會比較理性的選擇 35% 折扣優惠。

　　消費趨勢偏向忽略基本價值，大概有下述幾點特徵：(1) 對數字敏感度低，(2) 懶得去換算或不易換算，(3) 產品價格比較便宜，比較不在意兩者之間便宜了多少。

沒內涵的大數可能很醜

　　為了檢驗 BVN 的效應，研究人員把增量的百分比減少至跟折扣百分比一樣，加量 33% 不加價與 33% 折扣優惠。結果也是出乎意料，兩個明顯有價差的促銷，在消費者眼中居然是一樣的。

　　難道「數大便是美」嗎？以數量變動為主的促銷是比較好的策略嗎？是，但也不完全是，研究中發現了幾個限制條件，這就是數大很容易變美，但沒內涵的大數可能很醜。
1. 當商品價格較高時，會減弱基本價值忽略的效應，也就是消費者比較會算，比較會斟酌思考到底哪個促銷方案比較便宜。
2. 如果對於商品的品牌不熟悉，或是對於該品牌的偏好程度較低時，也會減弱基本價值忽略的效應。
3. 三是如果兩種促銷策略的單價好計算比較時，基本價值忽略的心理因素就沒有作用，例如增量 20% 對 50% 折扣優惠。

　　在實務應用上，基本價值忽略心理可以用在行銷定價的策略

中。舉例來說，當競爭對手推出 35% 折扣優惠時，你可以運用基本價值忽略的力量，推出加量 50% 不加價來因應，縱然你的零售價較高，也不見得會減損你的銷售量。35% 至 50% 的高低取捨決策，則視你的零售價 (較高，則加量高)，如果你的品牌知名度或忠誠度或市場地位較高，數大便是美的力量將更大，加量可以加少些，少到 35% 都還 OK，在消費者眼中卻還是和競爭對手的 35% 折扣一樣便宜。相反地，如果消費者對你的品牌不熟悉或市場佔用率低，盡量用數量變動的行銷策略，可以改用免費增量 500g、500ml 來打「數量」戰，消費者清楚 500 是個大數量，但不清楚 g 或 ml 是多少數量。

財務關心消失點

愛開玩笑的英國組織病理學家帕金森（Cyril Northcote Parkinson）舉了一個有趣的現象，即許多單位在討論一些議題時，花錢多少與討論時間長短恰恰成了反比。這也可以說明數大很容易變美，但沒內涵的大數可能很醜。

帕金森在他的名著「帕金森定律」中說：有個由 11 人組成的財務委員會，要討論三項預算，一是用 1,000 萬英鎊建一個核子反應爐，二是用 350 英鎊建一個自行車棚，三是以後委員會開會是否提供飲料，每年共 21 英鎊。這三項議案討論的情形如下：

第一案為 1,000 萬英鎊建設核子反應爐預算案，有些委員不知道什麼是反應爐，有些不清楚反應爐有什麼用，有些不曉得建造一個反應爐大概需要多少錢；有位稍微懂的委員對會議資料內容表示懷疑，提出能不能另找專家進行諮詢，被主席拒絕；另一位委員有

許多話要說，但他考慮若要把壓縮預算的意見說明白，得向其他委員解釋一大堆術語，甚至要從什麼是核分裂說起，他只好表示自己沒有意見。主席在大家沒有意見下，用很在行的模樣與語氣下結論：這項計畫是切實可行的，所需預算經費也是恰當的，要按照施工進度趕緊建設。其他委員們也都紛紛表示贊成。

數大到不知從何關心

這案的討論時間不過兩分半鐘就通過 1,000 萬英鎊的預算，沒有人去懷疑那麼多大大小小的工程費用總計恰好 1,000 萬，沒有零頭。美到爆的大數字，數大，不是不關心，而是不知道從哪裡關心起。

第二案為建設員工自行車棚 350 英鎊預算案，自行車棚離委員們的生活很近，是他們再熟悉不過的東西，於是他們紛紛表達了自己的看法，如有沒有必要修車棚？報價是否合理？材料用鋁材、石棉瓦，還是用鍍鋅鐵皮？人人都知道 350 英鎊能買到什麼東西。結果，討論持續了 45 分鐘，事情才定下來，最終節省了 50 英鎊，委員們也十分有成就感。

第三案是以後委員會開會的飲料預算案每月 35 先令全年共 21 英鎊，委員們對各種飲料太熟悉不過了，自然爭論得更加激烈，例如有無必要供應？供應咖啡還是其他類型飲料？也有委員發牢騷，覺得不應為這等小事花費時間。該預算案共花去委員們 1 小時又 15 分鐘，卻沒有結論，因為委員們認為供應咖啡的必要性似乎沒有確鑿的證據，於是，他們要求秘書弄清情況後，提下次會議再做決定。

帕金森上述所說的，一般稱為「財務關心消失點」，好像有「數

大，便是美」的味道，也有一些「數大便，是美」的味道。

大數據是瞎掰？

核子反應爐 1,000 萬的預算案，若由專家來審，結果一定很美，可惜出席委員都不是專家，不知道從哪裡關心起。行銷人對大數據不是專家，搜尋大數據者也不是行銷專家，調合兩邊都不知道從哪裡關心起的落差，這是行銷人與推動大數據者所要共同努力的，才不會讓人認為大數據是瞎掰。

人類的未來真的會很美？

Google 旗下 DeepMind 研發的 AlphaGo 人工智慧系統與世界圍棋棋王的人腦與電腦世紀對弈之戰，人類屈服於科技發展的人工智慧技術，有人表現出憂慮、驚訝和恐懼。其實並無須有此反應，我們給電腦吃正確的數據，電腦吐出來的行動絕對會比人類強。因為電腦不論在記憶力、分析的周密性、分析的速度等比人類強，所以，只要我們給電腦正確的數據，未來的大數據應用、IoT、robot 機器人應用等絕對也無可限量，人類的未來可能真的會很美。

Line 在 2011 年 6 月 23 日推出，才一轉眼，台灣就超過了 1,700 萬用戶，以 2,300 萬人口來說，可以說很恐怖；Facebook 也是，2013 年台灣約有 1,500 萬人每月登入臉書。只一轉眼，不過五年光景，社會就大變了。現在的年輕人，五年後還是很年輕，但可能在大數據、IoT、robot 的發展下，會感覺對行銷環境好像陌生；對年長者，現在已對環境變化感到陌生，五年後更是；所以，我們都必須有所覺悟，要活就要學，對新的事物，縱然不喜歡、不熟悉，也不能拒絕接觸。

|14| 大數據脫離不了 STP

　　當大數據與行銷結合，有人認為將成為最具革命性的行銷大趨勢，大數據行銷甚至可能顛覆奉行近半世紀的行銷 4Ps，產品（product）、價格（price）、促銷（promotion）、通路（place）。大數據下的行銷將產生一個全新的 4Ps 即人（people）、成效（performance）、步驟（process）和利潤（profit），也有人以預測（prediction）取代利潤。

協同過濾好像關聯購買分析

　　有人如此說明，A 女 28 歲，每月消費金額約 3000 元，購買品項多為服飾與配件。B 女 35 歲，每月消費金額也約 3000 元，購買品項為皮包或辦公室舒壓小物，資料處理系統會將 A 女與 B 女都歸納為小資女；若再加入購買行為因素，如 A 女常點擊裙子網頁，比較過不同裙子的款式、價格，也曾經把裙子放在購物車裡，則資料處理系統除了向 A 女推薦其他的裙子網頁外，還會推薦其他看過裙子的使用者所看過鞋子，並推薦鞋款。

　　這種消費者分析方法就是目前大多數電商平台，如博客來網路書店、Youtube、Yahoo、Facebook 等之大數據分析技術，稱為「協同過濾」（Collaborative Filtering，CF），利用歸納法，把購買行為相似的消費者歸納聚集在一起，形成族群，針對不同族群推薦不同商品。如亞馬遜網路書店，消費者選擇一本自己感興趣的書籍，馬上會在底下看到一行「Customer Who Bought This Item Also

Bought」，亦即根據以往統計，搜尋 A 書的人，也會看 B 書跟 C 書，所以當你搜尋 A 書，就會主動推薦你也看一下 B 書跟 C 書。

消費行為的細分化

其實這種 also buy 的分析，早在十餘年前就有，行銷人很容易自 POS 系統掌握消費者的關聯購買。以超商為例，若超商不賣茶葉蛋，馬上可計算出因而可能少賣的產品及金額；換個角度言，若買茶葉蛋與買黑松汽水關聯性高，超商對只買茶葉蛋與未買黑松汽水之消費者，亦可主動提醒推銷。

只是以往的關聯購買分析沒有個別消費者的基本資料，而在 internet 後，愈多的消費者資料被輸入，除利用原本的購物歷史數據外，再加上網頁點擊、瀏覽記錄，停留時間長短等，經過大數據的資料處理分析後，可以更精準的細分消費者。

將相同性質的消費者歸納在一起，形成族群，現在的網路用語叫集群 (clustering)，也就是利用大數據集群後，針對集出之群體，也要確定目標市場與定位。此和行銷實務所稱的市場區隔 (market segmentation)，原理原則相同，只是歸納或區隔所使用的變數不同或多寡而已。

市場區隔存在的價值

但有人認為在 SoLoMo(Social、Local、Mobile)、雲端、O2O、電視、平面、戶外、印刷、廣播、通訊等所有的一切全部都數位化、網路化、雲端化，虛實合一、數位匯流的年代，不僅打破地理區隔

限制，也打破了所有性別、年齡等傳統的市場區隔概念，現在的消費者群體是一股「流」，在現今的網路環境下，市場區隔就是沒有區隔。

我個人則認為：市場區隔的目的是設計你的商品準備要賣給「誰」，而將那些「誰」區分出來，避免散彈打鳥，浪費行銷資源，和集群的目的是一樣的。我們不否認有些商品是不分男女老幼、富有貧窮都要消費的，或許可以不市場區隔，但對任何企業或品牌而言，為了形象或價值的考慮，弱水雖有三千，只會取一瓢飲，不會想整碗捧走，也就是現在的消費者群體縱然是一股「流」，我們也會去「分流」，只針對「分流」去設計你要賣商品的對應策略。

或許現在可以在網路上悠遊的，以年齡而言，40 歲以下，但20 年後，絕大多數的消費者都是 SoLoMo 人，甚至不再是 Local(本地的)，而是 International(國際的)，SoLoMo 也會變成 SoInMo，行銷人就更需去「分流」去市場區隔了。

由於現在網路爬取資料尚未有分辨男女老幼富有貧窮的能力，故一方面現在的大數據行銷比較適合不分男女老幼富有貧窮都要消費的商品，二方面，大數據行銷之集群變數也會和市場區隔變數不同。

市場區隔與集群

一般行銷實務所稱之市場至少分成個人消費、家庭消費、私機構消費、公機構消費等，因消費型態不同，區隔變數也不同，目前網路所用「協同過濾」的集群變數與區隔變數道理相同，主要目的

皆是用來區隔出相似消費特徵之目標市場，或稱為集群，以便制定相對應於其消費特徵之行銷策略。

由目前一般人所談的大數據行銷，大體比較偏向行銷實務之個人消費市場區隔型態，以下由行銷實務之個人消費區隔變數談起，讓大家了解其異同。

區隔個人消費市場之變數很多，一般有四大類，分別為地理變數、人口變數、心理變數及行為變數。其中，人口變數最常被使用，因為人口變數往往與消費者的需求、偏好和使用頻率間存有高度相關性，且比其他變數容易衡量市場大小，人口變數通常以年齡、性別、所得、職業、教育程度等五大變數為主。

而在集群變數方面，如購買金額、購買時間、購買週期、購買特性，或如博客來書店、Facebook、Yahoo、Youtube 等利用購物歷史數據及點擊、瀏覽，區分出興趣相似或擁有共同經驗等群體。

相對於比較適合於整體市場概念之區隔變數，集群變數並不是一個新鮮的概念，在行銷實務之銷售管理，早就用其來做消費者分析或經銷商 ABC 分析。只是 internet 發展，可以自網路上爬取更多的數據，在分析工具愈來愈多面相化下，能夠對消費者進行更精密的區隔，而使「一對一行銷」、「個性化行銷」不再是天方夜譚。

STP 是行銷的支柱

市場區隔 (Segmentation) 並不是單一的概念，一般總以為在想行銷策略時，應該先將市場細分，從中挑出想主打的對象

（Targeting，選擇目標市場），再想辦法在這些目標對象的心中建立地位（Positioning，定位），創造難以取代的價值。這過程稱為STP，然如前所述，行銷本身是一邏輯，邏輯中的各階段又是互通的，不是 S → T → P，而是 STP 同時思考的，不必刻意分先後。實務上我也常會再加入差異化 (Differentiation)，成為 STPD。

例如目前市場上沒有剛果料理，你想開一家，你可能以年齡、性別及職業來區隔市場，設定 40-50 歲男性上班族為目標市場，這目標市場的特徵為公司主管、收入較高，懷有對未知探索的慾望，因此餐廳定位為高尚有非洲草原風味。當研究拿手菜單時，發現洋蔥牛肉乾、燉煮豆泥、花生雞湯、椰子蛋白餅等難達高尚層次且單價不高，與目標市場的特徵不合，在此狀況下，可能重調市場區隔變數，或重新選擇目標市場並調整定位，或增加老虎獅子肉以符合餐廳定位。

跨境國際行銷常會考慮文化變數

台灣地理範圍不大，訴求行政區、文化、人口密度或氣候、水文、地形等地理變數並不普遍，一般用於國際行銷或大區域行銷，但現在 internet 使跨境經營成為可能。

亦即當企業具備有不同的語文能力時，可針對區域性需求及偏好差異，設計其行銷策略，如在印度行銷麵條，就會與在台灣不同，印度進食時不用筷子，所以麵條的長度要稍短，印度人口味較辛辣，且有許多是素食者，所以麵條的口味及添加物亦會有所不同。又例如不幸運數字在日本為 4，在英國是 13；蘭姆加青辣椒在印度是遠離邪惡，在墨西哥則是遠離飢餓；表示歡迎，在錫蘭是雙

手合十，在加拿大則以握手表示。這也是地理變數中很重要的文化變數。

猛男服飾 A&F 的市場區隔

一向以猛男為招牌的 A&F（Abercrombie & Fitch）服飾，在行銷界流傳一個與 Gap 競爭的故事，在 2000 年左右，A&F 開始在店裡播放震耳欲聾的舞曲，「企圖」趕跑年齡層較大、不喜歡潮流風格的消費者，要是有年長者意外光臨，還會派打扮入時的青少年員工在店內走來走去，讓年長者發現自己格格不入而離去。相較之下，Gap 的店員總是親切地招呼每一位消費者，沒想到 A&F 拒絕年長者的策略奏效，青少年完全拋棄了 Gap，熱情擁抱 A&F 等對他們示好的潮牌。為了因應青少年客層流失的危機，Gap 嘗試與年輕人溝通，卻反而又惹惱了年長者、原本會來店的消費者，導致每個年齡層的人都認為「Gap 不是我的店」。

這故事啟示我們的是：Gap 沒有市場區隔，把所有人都當成目標市場，但是當你想討好每個人，最後反而會一無是處。

A&F 在英國及香港遭遇不同

有關 A&F 近年來的發展，也可給行銷人市場區隔決策參考。當 A&F 集結歐美肌肉猛男在香港中環開設亞洲第四間旗艦店[1]時，如下頁圖，即便台灣微風信義店滿心期待招手歡迎，遙遠的英國則選擇維護傳統抵死不從，而 A&F 也宣布未來 3 年內將關閉近 180 間美國 A&F 分店。

A&F 2007 年進駐倫敦 Savile Row，外帶猛男造勢，惹惱了這條擁有百年歷史的時裝老街，但 A&F 對此絲毫不在乎，甚至賣起童裝，此舉讓英國人難以忍受，穿上西服戴著高帽，為擁護百年老街傳統上街示威抗議。連市政局也禁止 A&F 在 Savile Row 進行造勢派對，致使 A&F 第二家入駐計畫因此受阻。2013 年市政局又回絕了 A&F 所提議的童裝店改裝計畫，城市發展委員會主席說的明白：「申請改裝計畫的人，似乎

不明白這些古老建築對於 Savile Row 的重要性。既然他們不清楚遊戲規則，委員會也無須讓這個計畫通過，因為我們必須保護屬於這裡的傳統價值。」

這事件啟示我們的是：或許猛男在亞洲地區很吃得開，A&F 進入倫敦市場，沒有考慮好地理區隔之文化差異，一昧專注於其猛男形象定位，最後弄得連店面整修亦寸步難行。

A&F 在美國將關閉 180 間分店

關閉 180 間美國 A&F 分店，這出乎意料的驚人消息令人難以想像，難道再也看不到帥氣猛男的陽光魅力？似乎原先期望以赤裸猛男為銷售賣點的訴求已不管用，即使養眼的肌肉男大家都愛看，但實質的銷售數字卻在下滑，顯示新一代的年輕族群對此並不買帳。

這事件啟示我們的是：以前美國的青少年或許對猛男有移情心理，但現在的青少年較有自我意識，喜歡創造自己的個人風格，A&F 在目標市場的特徵沒有跟著時間變化，在商品品項也未有大幅度注入個性風格，以致為訴求更低價且新穎的 Forever 21 及 H&M 有可乘之機。

可進行更精細的消費者區隔化？

或許可以這麼說：就一個品牌而言，對你所要經營的市場進行市場區隔，選擇目標市場，這是對潛在消費者的企圖；在經營的過程，不斷以既有的銷售管理及現在的集群變數來分析，以更貼近實際消費者，這就是一個整體的市場區隔邏輯。事實上，在以往的實務經驗中，我們常發現實際消費者與原來市場區隔出的潛在消費者有落差，所以目標市場常常會調整，不是一成不變。至於現在有人強調大數據的集群變數能對消費者進行更精密的區隔，我想就不要執著，畢竟消費者常常在變，競爭對手也不一定是吃素的。

新客戶及新市場常在蛋黃區旁邊

常常調整目標市場，是對準目標市場有效行銷的必要程序。當然還有一件事，行銷人常忽略：就是開發新客戶新市場，新客戶新市場是什麼，在那裡，好像大家因為「新」而常天花亂墜。

如果我們把目標市場視為一粒蛋的蛋黃區，那新客戶新市場就是蛋白的部分。所以隨時去理解你的蛋黃區有沒有因消費者與競爭對手而異位，不但攸關主要市場攻略的有效性，亦影響新市場的開發。

　　美國專售奢侈品的 Neiman Marcus 百貨公司建立了購買行為分類變數和多級會員獎勵制度的體系，來激勵最富裕、最具長期價值的客戶來購買更多高利潤率的產品。以家居用品為主，也是美國著名的電商業者 Williams Sonoma 也將客戶數據庫和其家庭資訊連結起來，通過了解其家庭的收入、房屋價值和孩子數量等，對客戶進行不同消費行為方式和選擇偏好來區分，而後設計不同的電子郵件行銷，打擊率也大幅提高。

使用大數據做行銷

　　當啟動大數據來做行銷，真正面臨的不僅僅是技術和工具問題，更重要的是要先明確弄清楚你到底想從大數據中得到什麼，否則你將會花費大量的白工來分析數據，因為你需要的只是能夠幫助解決問題的行為數據，而不是試圖研究每一個能夠得到的資訊。所以確定你的目標絕不能含糊，大數據的資源太豐富，如果你沒有明確的目標，就算沒有走入迷途，至少會覺得非常迷茫。因此，首先要定義你的價值數據標準，之後再使用能夠解決你問題的工具。

　　使用大數據做行銷，最常遇到的是「懂行銷的人不懂爬取技術，懂大數據取得者不懂行銷」，這是很嚴肅的課題，此處所謂「懂」是真的懂，不是半桶師。

　　就技術面來說，現在有許多業者開始提供建置成本較低的大數據處理工具和雲端系統，有些甚至跟 App 一樣，只要根據自身需求挑選即可。另一方面，不論企業大小其實不須急於建設大數據系統，如針對網頁相關資料搜尋的 Hadoop(黃色小象)，與其盲目追

求技術和工具，不如先以小量資料來驗證一個行銷需求，再決定要
不要建置大數據的作業環境。

　　建置大數據架構與環境所費不貲，一般企業通常無法輕易投
入，但大數據行銷的精神在於如何妥善利用既有或非傳統資料，從
中挖掘出新的行銷機會，因此即便是中小企業或新創企業，都能在
大數據時代用「大數據」。任何懂得善用數據做決策和創新的企業，
都稱得上是擁有「大數據」思維，即使沒有大數據，也不用覺得不
夠潮。

1.http://www.gq.com.tw/fashion/fashion-news/content-8638.html

15 從柯 P 的大數據說起

　　我的經驗裡，選舉與行銷發生關係已是 30 年前的事，那時的聯合報系主編邀我以行銷的角度分析當時正進行的選戰。選舉雖是行銷，但兩者根本上不同。選舉是在極短的時間內，在特定的那一天達成 50.1% 的市場占有率，選上後，選民基本上沒有退貨的權利。行銷雖然也與攻取更高的市場占有率有關，但基本上是講究永續經營的。由於出發點的不同，所施展出的戰術、力道自然不同。不過行銷柯 P 這產品的團隊，確實不簡單，尤其在「社群媒體」上打得對手無力招架。

柯 P 團隊利用大數據

　　正如柯 P 所出的「柯 P 模式：柯文哲的 SOP 跟你想的不一樣」一書，書中柯 P 說明了如何利用大數據，打一場「社群媒體」上的選戰。我們藉其內容來分析說明，讓行銷人了解柯 P 團隊除了大數據外，所展現的行銷思維。

　　柯 P 書：我們比較特別的是利用大數據分析時下年輕人在乎的議題，從虛擬網路世界做到實體動員，例如大數據團隊從網路關鍵字計算出「青年」與「熱舞」有很高的關聯性，他們就安排熱舞活動、帶我去參觀，把這個關鍵字延伸的過程全程紀錄、做成影音，影音用臉書傳達，再用實體活動把這些族群從網路找出來跟選舉結合，「Go！Youth！做你自己」一系列，就是把關鍵字當作主體所發展的行程。

摸到網路中的年輕人不簡單

亦即柯 P 的策略把目標市場設定在年輕人，但年輕人在那裡，如何從虛擬的網路中把他們拉出來摸一摸？網路中容易找到年輕人，這無疑問，柯 P 團隊利用大數據分析找到「青年」與「熱舞」的關聯性，並由「熱舞」再延伸出去，製作了「Go！Youth！做你自己」柯 P 向新世代學習系列，包括了讓桌遊飛、表演空間、自造者社群運動、老傢俱的第二個春天、臺大磯永吉小屋、公民野球魂、Steps 街舞、Ink/ Body/ Story 刺青、Taipei MBA 街頭籃球、Circus 街頭表演等議題，藉由柯 P 向新世代學習來與年輕人實體接觸，並將這些年輕人所反映的問題以影音在社群媒體上散播，大大拉攏年輕人的心。

這其中一個很重要的成功因素為由「熱舞」延伸出的各議題，新穎夠潮，沒有絲毫老氣，雖與柯 P 的年齡格格不入，相較於競爭者的年齡，柯 P 本應居於弱勢，然柯 P 卻藉更深廣且有趣的年輕人議題，直接切入部份年輕人的現有生活。

因訴求議題不同而有媒體區隔

柯 P 書：幕僚的想法是跟主流媒體上已呈現的部分做區隔，只做小眾可發揮的議題，假設一個議題只要有五千個人關注，我做二十個議題，就能影響十萬個人，有人也許想說，這麼小眾有效益嗎？

以推廣策略而言，柯 P 的決策：小眾議題在社群媒體跑，大眾

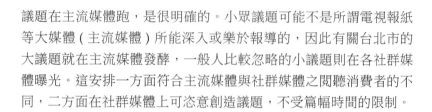

議題在主流媒體跑，是很明確的。小眾議題可能不是所謂電視報紙等大媒體 (主流媒體) 所能深入或樂於報導的，因此有關台北市的大議題就在主流媒體發酵，一般人比較忽略的小議題則在各社群媒體曝光。這安排一方面符合主流媒體與社群媒體之閱聽消費者的不同，二方面在社群媒體上可恣意創造議題，不受篇幅時間的限制。

不過，行銷人必須了解在 internet 以後，有味道的議題在社群媒體上的散播量常會數倍於電視報紙等大媒體，而且許多主流媒體常自社群媒體抓取議題，所以，以現在的媒體決策言，並無所謂媒體大與小或主流與非主流之分，只有議題是否針對消費者的需要，議題是否有溫度，是否有內容值得信賴。

年輕人有政治冷感

傳統選舉中年輕人的投票率是比較低的，與其說年輕人有政治冷感，不如說長期以來由上而下的意見領袖選舉文化拘束著年輕人表達對選舉的看法，甚至反對意見領袖的投票偏向。但自 318 太陽花學運，年輕人參與公共議題的意願明顯被激發，由「自己的國家自己救」就可以看出年輕人要自己表達的大勢已形成。

柯 P 書：但我們的前提是聚焦在一群「從來不關心選舉的人」，所以不討論他們支不支持柯文哲，只討論這群人是否關心這個選舉？因為這些人才是最可能被影響到的一群。當時，我們把這些人的年齡層鎖定在十六到三十五歲。二十歲以下沒有投票權的人，也在我們的設定族群之中。這是另一層深度的思考策略，就是比較沒有政治傾向的選民，可能會被誰影響？是家人嗎？如果在一個沒有任何政治傾向的家庭裡，當一個平時不會跟你聊政治議題的孩子，

突然跟你討論起應該把票投給誰，爸媽會是驚訝且容易被孩子影響的。我們的目的，不是要這些政治冷感的人馬上起而支持我，我們的策略是讓他們開始關心、留意我在說什麼。就像是從來不談政治的同事，突然間開口：「欸，我覺得柯文哲不錯耶。」這樣的影響力反而容易擴散，有效爭取中間選民。

向新世代學習其實是讓新世代感受到誠意

這其中牽涉到意見領袖 (opinion leader) 或參考群體 (reference group) 的行銷概念，

柯 P 團隊把傳統由上而下的選舉思考逆向，讓平常不表示意見的年輕人開口說話，年輕人平常不開口說政治話，是因沒有年輕人說話的餘地，所以結論是聽膩了，吵死人了，今柯 P 藉「向新世代學習」聽他們的心聲，還製成影音上傳社群網站，不是聽聽抄抄筆記，虛應故事。

這個「試用」的經驗，對未曾「購買」的年輕人言，怎麼說都是值得和同儕分享的，自然產生影響力，甚至反向讓長輩嚇一跳。正如柯 P 書：拿跳街舞的群族來說好了，街舞團體一般不太談政治，愛跳舞的人見面聊天，話題除了跳舞之外還是跳舞。但當有個人告訴同樣愛跳舞的朋友說：「柯文哲竟然也在跳舞耶，他來看街舞！」這時候，對於熱愛街舞的人而言，有兩方面的吸引力，第一街舞本來就是自己的興趣，第二是平常不談政治的朋友突然談起了候選人，肯定會誘發好奇心，就會來了解一下我這個人。

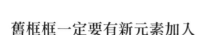
舊框框一定要有新元素加入

以上説的是柯 P 團隊開發新客戶新市場的做法，利用大數據資料得出年輕人在乎的議題，這即是市場區隔中所找尋目標市場的特徵，然後根據這些特徵擬定接觸的策略。柯 P 團隊厲害之處即在擬出的「Go！Youth！做你自己」夠新夠潮，真是非典型！事實上，年輕人已不再習慣生活在典型的框框中，柯 P 的對手來自典型的政治框框；2016 蔡英文的對手也是，結果如何，不算可知。

柯 P 的案例給我們行銷人的啟示在於：舊框框一定要有新元素加入，當然不是説舊的不好，而是 internet 讓社會的轉動遠超過地球一天轉一圈，所以行銷的思考包容性一定要很強，不斷吸收，無主流非主流。二是大數據是現代的趨勢，行銷人要思考的是如何運用在自己的行銷邏輯中，使行銷策略能發揮更大的效能。三是柯 P 的「不討論他們支不支持柯文哲」，而是「我覺得柯文哲不錯耶」，支不支持是 yes 或 no 的二分法，行銷的目的不在於要消費者在買不買我的商品，而在於讓消費者對我及我的商品有好印象，此千記萬記。

大數據顛覆舊 4Ps 到新 4Ps 行銷？

有人説：大數據行銷將成為最具革命性的行銷大趨勢，大數據行銷以全新的 4Ps：人（people）、成效（performance）、步驟（process）和預測（prediction）或利潤（profit）顛覆取代奉行近半世紀的行銷 4Ps，大數據行銷新 4Ps，即時預測消費者狀態和動態，零時差、零誤差的個人化行銷，一個人就是一個分眾市場，行銷命中率 100%。

　　零時差、零誤差、行銷命中率 100% 就吹得連神明都汗顏，其餘的個人化行銷、一個人就是一個分眾市場、提高行銷命中率等原本行銷就是如此，人對人 (包括有店舖和無店舖) 的銷售，不論低價消費品、或是高價耐久財或奢侈財均是。我並不建議神格化大數據，大數據是一個可使行銷人更清楚掌握市場及消費者狀況的工具，可以藉此提高行銷打擊率，但也不是棒棒命中，棒棒安打。如前柯 P 例子說明，除了大數據，還有太多行銷的策略要決策，才能克竟全功。

不要再誤會行銷＝ 4Ps

　　我總覺得：在目前，所謂大數據行銷的內容似乎比較符合電子市集業者和入口網站業者，如 Yahoo、PChome、天貓、淘寶和自設網路商店的大賣場等等，他們的共同點是商品都不是自己的。此與有品牌有產品的行銷不盡相同，容易令人產生混淆。

　　一般有會大數據行銷新 4P 看法只要是很多人把行銷和 4Ps 劃上等號，使人誤認行銷就是 4Ps、4Ps 就是行銷。如前所述，行銷是「認識環境 縮短距離」，目的是 4Ps 只是縮短距離，讓消費者對我及我的商品有好印象的手段之一，不是行銷的全部，何況縮短距離的手段很多，有 4Ps、4Cs 等等，還有我開玩笑所創的 4Ws，也有 7Fs，更有人把 4Ps 擴充到 12Ps，這些我們通稱為「行銷組合」(marketing mix)，也就是行銷的策略招術。

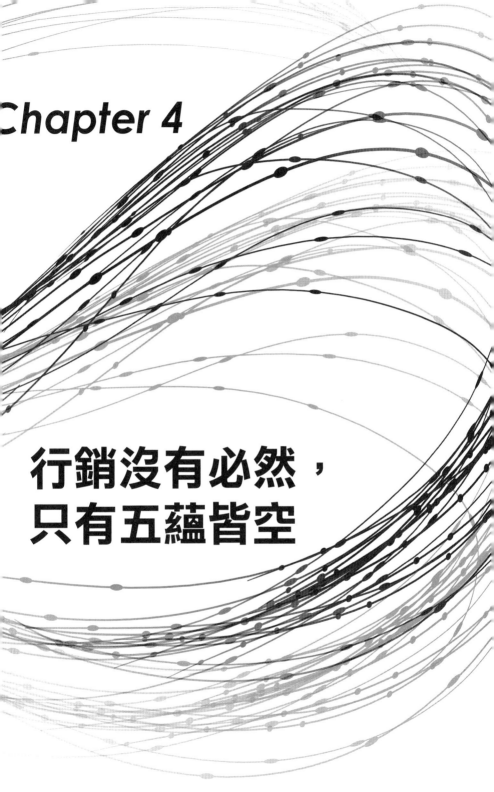

Chapter 4

行銷沒有必然，
只有五蘊皆空

|16| 不輸及不服輸才是行銷人的王道

大多數有關行銷實務的論述都是教人「致勝」的觀念，人人都想贏，但我認為「不輸」及「不服輸」才是行銷人的王道，不論市場占有率高低，也不論採取攻擊或防禦策略。「不輸」不是放棄贏的機會，「不服輸」也不是死纏爛打、暗夜吹口哨壯膽。我把「不輸」及「不服輸」的精神稱為「行銷烏龜哲學」。

「不輸」要傳達的是：行銷是以今日的經驗進行明天的競爭，除非行銷人看穿明天，否則不要以為今日的策略就能致勝於明天。行銷人衝衝衝，但不能只是唐吉訶德，要隨時夯實自己，充實創新自己的行銷邏輯，超越自己，才有「不服輸」的本錢。

烏龜哲學

人們不高興的時候，用烏龜來罵人王八；罵人做事不乾不脆，叫龜毛；有一種職業叫龜公，與老鴇齊名。明知彩券中獎率不高，買了不中，還要罪及烏龜。烏龜實在是一種很有意思的動物，對人類的語言很有貢獻。

不過，人也是一種很有意思的動物。古代用龜甲來寫字記事，卜卦要用有靈性的龜殼，高壽稱龜鶴延年。寓言還去編造一個龜兔賽跑的故事，把烏龜奚落一頓，最後結局再平衡回來，作為「小朋友勵志」之用，經過勵志的小朋友，長大後，不但以烏龜的名來罵

人，連兔子也難逃兔崽子之封號。

假如我是烏龜，我不想和鶴齊名，雖然我排名在前，因為鶴的那兩隻竹篙腳和白鷺鷥一樣，北臺灣有一句諺語叫：白鷺鷥賢找食，腳目沒肉。假如我是烏龜，請不要忘記，龍、麒麟、鳳凰與我齊名，是人們尊稱的四瑞。

四神中的玄武，不是四神湯的四神，狀似靈龜，是我的親戚。必須正視聽的是龍王生九子，我排行老大，不是排行第八，名叫贔屭，不叫王八。假如我是烏龜，我也要昭告世人，全部動物的名字用於人類的身體器官或部位，大皆不是好聽的或沒有用途的，如猴腮、鼠目、獐頭、駝背等，唯有我不是，厲害吧！

行銷人要知道修煉轉大人

行銷人衝衝衝，絕對天經地義；市場環境和自我條件搭調時，可能是八分衝業績，兩分衝內部調整；不搭調時，可能兩分衝業績，八分衝內部調整。行銷人若只是以業績衝衝衝為本位，對內部調整或自我夯實大大意義，經營績效受限制就不須怨天尤人。所以，行銷烏龜哲學認為行銷人要有完整的「推拉」思想，「推拉」除是行銷常用的策略主軸，更代表隨時出去推業績，隨時拉回來龜息調整、夯實自己。

在台南的傳統習俗，男生 16 歲稱「轉大人」，要到七娘境拜拜，行成人禮，因若「轉大人」沒轉好，就會變「黃酸」。龔培茲亦發現植物繁衍成長也有相同的現象，成為統計學上著名的龔培茲曲線（Gompertz Curve），行銷人對此曲線絕不陌生，因其即是產

品生命週期 (Product Life Cycle) 曲線。產品生命週期在普及率約為 10-15% 時，通常會發生停頓現象，一般將此停頓點 (Plateau Point) 視為成長前期與成長後期的分界。

除了突發或短期事件外，翻開各大企業的長期經營歷程，其實都是在成長與停頓交錯中健壯長大。以台灣最受人尊重的 7-11 與台積電為例，沒有人會懷疑其經營不用心或不盡力，但由其 1998-2009 年 12 年長期之營業收入曲線觀之，並不是每年都衝衝衝至高點，而是衝一段，停頓一段。停頓不是用來互相指責的，是為調整、夯實經營品質，蓄積實力衝下一段。

烏龜的吃相勇猛異常

以烏龜來形容企業成長，再適當不過了。烏龜孵出不過拇指大小，若行銷是龜肉，其他經營因素是龜殼，龜肉長大，龜殼也會同步變大變硬，以容納更多的龜肉，並承受更重的外力衝擊。我們平常看到烏龜懶洋洋、縮頭縮尾，以為其一無所用，其實其龜息停頓之目的是在夯實，轉大人。

如果有人看烏龜不順眼，出腳踢之，牠把頭尾四肢縮起滾一滾，毫髮無傷；在無外力干擾時，牠昂首闊步，有食物出現，雖腳短殼重，但速度有如急行軍；頭伸出的長度、口張開的寬度，令人歎為觀止；吃相不但勇猛異常，想讓其鬆口，好像還不太容易。

所以，行銷烏龜哲學之基本精神在於：若欲不輸，必先學會龜息調整的內家功夫；不是孜孜不倦於外家招式。當市場環境不佳或自我條件不足時，要澈底龜息調整，確保不輸之基；市場環境與自

我條件搭調時，所咬的那一口，才能不輸給競爭對手。

先秤斤兩才能不輸

不輸不是緊守城池、不攻擊；在市場競爭賽局中，有些企業不太喜歡主動攻擊對手，但這並不表示競爭對手就會相敬如賓，也不表示在複雜的競爭賽局中，不會莫明其妙的挨悶棍。行銷全球 148 個國家的 Red Bull Cola，2009 年要在 7-11 上架的前一天，傳出含有微量古柯鹼，遭檢調搜索[1]，事後雖還其清白[2]，但氣勢已被打趴，真是怪哉。到底是競爭栽贓，亦或是超乎經營與行銷的玄機，實在費思量。也因為行銷充滿太多混沌及超乎常態之因素，烏龜哲學才會主張在龜息調整、夯實自己外，同時也要自己隨時秤秤斤兩。

自己隨時秤秤斤兩，認識自己，量力而為。量力包括量自己的能力，也包括量競爭對手的實力。行銷烏龜哲學有一個很重要的概念，許多行銷人常常忽略，就是「相對原則」，例如你雖然是小品牌，但相對於同一區隔市場的其他小品牌，你可能是大品牌。亦即除非是第一或最小品牌，任何品牌在市場上，可能是大品牌，也可能是小品牌，就看相對於何品牌而定。秤秤斤兩，認識自己是擬定行銷策略，非常具有決定性、不可或缺的因素。

BMW 挑逗 Audi

當 2006 年 Audi 獲得南非年度風雲車（Car of the Year）時，BMW 立刻以 2006 世界年度風雲車得主的身分「恭喜」Audi，把 Audi 酸一下，如下頁上。Audi 當然也不示弱，立刻以勒芒 24 小時耐力賽（24 Heures du Mans）連續 6 年冠軍「回敬」，意思說：你

這世界年度風雲車得主,在勒芒 24 小時耐力賽,連續 6 年都是我的手下敗將,有什麼好神氣的,如中圖。Audi 與 BMW 兩品牌企業實力相當、市場占有率也不相上下,品牌形象亦各擅勝場,區隔市場重疊性極高,彼此視為競爭對手,互相撩撥攻擊,並不奇怪。

Subaru 和 Bentley 湊什麼熱鬧

但殺出 2006 年風雲引擎 (Engine of the Year) 的日本 Subaru 來「慶賀」Audi 與 BMW,就要看速霸陸是以什麼角度在秤自己的斤兩,如下圖。

若速霸陸並不將 Audi 與 BMW 視為競爭對手,而純粹只是利用此機會凸顯一下速霸陸也有兩把刷子,不是 nobody,那是不錯的攀親帶故訴求。

若速霸陸將 Audi 與 BMW 視為競爭對手,而有此廣告,基本上此行銷思考是值得斟酌的。因速霸陸與 Audi 或 BMW 可能不屬同一區隔市場,也就是速霸陸與 Audi 或 BMW 間之競爭關係不大,速霸陸撈過界,攻擊就幾無力道。縱屬同一區隔市場,也不會屬同一

賽局 (或謂更細分之區隔市場)，速霸陸以小搏大，也顯有些不自量力。

區隔市場與賽局的觀念對行銷人非常基礎與重要，無清楚的觀念，就很難具體、準確擬定任何行銷策略。以實例言之，在房車市場可依價格高低 (或其他因素) 分成高價、中價、低價或更多區隔市場，每一區隔市場又可依市場占有率分出不同的競爭賽局。市場占有率差距太大而不屬同一賽局，基本上不互為競爭對手。

除上開速霸陸、Audi、BMW 外，The Tourism & Hospitality Diaries 網站[3]顯示：Bentley (賓利) 也以比中指恭喜速霸陸、Audi、BMW，如上。真是那壺不開提那壺，把一個歷史彪炳的品牌表現得猥瑣不堪。

小品牌不斷差異化才是「不服輸」

對小企業或小品牌而言，或許可用的資源不多，市場占有率也不高，如果多運用知識經濟，秉持「不服輸」的行銷烏龜哲學理念，創新求變，不論是產品、服務、通路或推廣，澈底進行差異化，建立出專業的形象，或許營收及利潤不會有令人驚豔的短期效果，但只要控制好各項經營的品質，就很有機會站穩不輸的小賽局，俟消費者接受的形象建立，營收及利潤自會有另一層次的表現，自然也會有機會擴充市場占有率或攻取另一賽局的市場。

　　但此種小而專的企業，基本上是在多產品或多品牌之大企業（通產企業）夾縫中的利基市場生存，在成長過程，競爭對手可能來自與其同一賽局的企業，也可能來自比其規模大的通產企業。通產企業最常用的策略是跟隨模仿，小而專的企業推出什麼產品，通產企業也跟著推出，用以稀釋市場，甚至低成本攫取小企業開發市場的成果。

　　不過，一小利基市場對通產企業而言，只占其業務貢獻的一小部份，通常不會有專為該業務所為的特殊策略，故專業之企業若能持久、綿密運用知識經濟，不斷差異化，通產企業的模仿策略亦難長久奏效。

---

1. http://www.appledaily.com.tw/appledaily/article/headline/20090531/31670886/，2009 年 5 月 31 日蘋果日報。

2. http://hk.apple.nextmedia.com/realtime/news/20150531/53763062

http://news.tvbs.com.tw/old-news.html?nid=132485

3. 以上三品牌之資料來源為 The Tourism & Hospitality Diaries 網站，http://blogs.msdn.com/blogfiles/mithund/WindowsLiveWriter/Adwarsarealwaysentertaining_11744/Bentley.jpg。

|17| 行銷不輸的四原則

　　不輸的行銷策略或做法很多，但若忽略這四個原則，吃敗仗並不令人驚訝。這四個原則是要打有敵人的戰爭、狀況清楚才出手、不要太過道貌岸然、任督二脈要打通。

打有敵人的戰爭

　　不論行銷策略是以自己的實力直接打擊競爭對手，直接搶取他牌的消費者；或是凸顯自己的優點，抑或是利用恐懼性訴求，間接搶取他牌的消費者；或縱然是新產品，看似無競爭對手，消費者也是由他牌可替代的產品轉換而來。所以，不論搶取消費者的訴求方式如何，基本上皆是由他牌的手上搶取現有消費者。

　　既然是搶取，就會有對手，所以有人稱行銷為戰爭。既是戰爭，行銷策略擬定與實行，總不能對著空氣打，一定有敵人，那敵人又是誰。此即前揭秤秤斤兩中提到「區隔市場與賽局的觀念對行銷人非常基礎與重要」的原因，因只有明確清楚你在區隔市場與賽局中所處的相對位置，競爭對手決策才能做好。

不能忽視競爭對手的存在

　　行銷要不輸，首要在不能忽視競爭對手的存在，策略若不是針對競爭對手而設計，就容易失敗，此即要打有敵人的戰爭。當然，並不是全部的他牌同時都是敵人，或是一次出手打兩個對手，否則未摔倒對手，很容易就被亂棒打趴。

右圖這 2009 年的戶外看板[1]很有趣，邊是先出現的 Audi 看板，看板上寫著 Your Move, BMW (BMW，換你走)，BMW 也毫不留情，竟然就在附近也來一個 Checkmate (將軍，死棋)，BMW 還特地把其製作這段戶外看板的過程以電視廣告播出。可惜的是沒多久戶外看板就撤掉了。這是打有敵人的戰爭之直接打擊競爭對手的實例。

強調自己也是打有敵人的戰爭

右之 VW 藉生銹還在燃燒的打火機凸顯省油的特性[2]。但明顯是針對較耗油的競爭車種，行銷策略則是強調自己的優點，雖然沒指名對手，但也間接吸納他牌消費者。

右圖是丹麥 Imedeen 伊美婷[3]口服保養品 Tan Optimizer 在巴西的廣告，暗示消費者使用他牌防曬保養品，會變成這副模樣。是利用恐懼性訴求，間接吸納他牌

的消費者的一種競爭策略。不論是指名或隱名，任何行銷之企畫與行動，均要心存競爭，才能更接近消費者。

狀況清楚才出手

1. 假如你的產品訂價 100 元，有人出價 90 元，你賣不賣？
2. 如果是一次購買 500 個 (很多的數量)，你賣不賣？如果又是現金一次付款，你賣不賣？
3. 如果你的變動成本是 89 元，你賣不賣？如果你已經三個月沒業績了，你賣不賣？如果你的存貨周轉率是 1.5 次 / 年，你賣不賣？
4. 如果是六個月支票付款，你賣不賣？如果買主是你的競爭對手，你賣不賣？

　　這個只差 10 元的決策可能十本博士論文都寫不完，因為變數太多，有些已知，有些未知；已知和未知看似無關，卻又有關，且考量的權值也因主客觀環境而變，這就是行銷決策的難處。一些行銷人常會有不知要用那一策略、策略要如何使的困惑，其實並非其不懂策略的 what & how，而是抓不準 what & how 之前的 why，所以狀況愈清楚，所做的決策會愈接近事實，行銷不輸的機會就愈大。

修道院和裸體合而為一

　　2008 年，墨西哥 Hidalgo 州吃了狀況不清、誤判情勢的虧。為了行銷文化古蹟，州政府請肥皂劇脫星 Iran Castillo 代言，來訴求 Hidalgo Gets Under Your Skin (Hidalgo 與你合而為一)。事先未清楚社會觀感，把 Hidalgo 最珍貴的修道院與通水渠道古蹟合成在 Iran

Castillo 的「裸體」上，引發軒然大波，逼得州政府不得不重新調整訴求表現，以平撻伐[4]。左下圖為原設計，右下圖為調整後表現。

或許有些行銷人覺得為何要屈服於「文化古蹟」、「肥皂劇脫星」、「裸體」的狗皮倒灶連結，況調整後的吸引力似乎不如原設計。然而文化古蹟行銷，主要訴求對象是社會大眾，自然須先搞清楚社會觀感，尤其是具有發言影響力的參考群體的想法。

經典的 Avis Try Harder

另一例子是很多行銷人奉為經典的艾維士租車 1963 年的「我是第二名」訴求[5]。在此訴求之後，Avis 轉而強調他是美國最好的，但行銷績效並無增長，只好不斷的「更努力 Try Harder」[6]。Avis 認清自己在市場的相對地位，以「更努力」取代美國最好之類的訴求，透過《We try harder, won't you ？》[7] 漸獲消費者認同，行銷績效亦見成長。

至今 Avis 還是以 Try Harder 為訴求主軸，且不斷闡述 Try Harder 之新主張，如《Keep Left》[8]，可見 Avis 在掌握狀況上一直很

Avis is only No.2
in rent a cars.
So why go with us?

We try harder.
(When you're not the biggest,
you have to.)
We just can't afford dirty ash-
trays. Or half-empty gas tanks. Or
worn wipers. Or unwashed cars.
Or low tires. Or anything less than
seat-adjusters that adjust. Heaters that heat. Defrost-
ers that defrost.
Obviously, the thing we try hardest for just to be
nice. To start you out right with a new car, like a lively,
super-torque Ford, and a pleasant smile. To let you know,
say, where you can get a good, hot pastrami sandwich
in Duluth.
Why?
Because we can't afford to take you for granted.
Go with us next time.
The line at our counter is shorter.

When you're only No.2,
you try harder.
Or else.

Little fish have to keep moving all of
the time. The big ones never stop picking
on them.
Avis knows all about the problems of
little fish.
We're only No.2 in rent a cars. We'd be
swallowed up if we didn't try harder.
There's no rest for us.
We're always emptying ashtrays. Making sure gas tanks
are full before we rent our cars. Seeing that the batteries
are full of life. Checking our windshield wipers.
And the cars we rent out can't be anything less than
lively new super-torque Fords.
And since we're not the big fish, you won't feel like a
sardine when you come to our counter.
We're not jammed with customers.

人道對待動物組織 (PETA, People for the Ethical Treatment of Animals) 1980 年成立，最近大大竄紅，其找了很多美國著名藝人脫光光說：我寧願屁股給你看 (I'd rather show my buns)、我寧願裸體 (I'd rather go naked)[9]，如右，大聲又嚇人，雖然免不了一些道貌岸然的聲音，但掩蓋不了 PETA 成為全球最大動物權益保

謹慎。有興趣的行銷人或許可再瞭解更多狀況，研究為何 try harder 了 50 年，Avis 還沒趕過 Hertz 成為第一，是否 Avis 不是很 try harder，言行不一，被消費者看破手腳？還是 Try Harder 訴求已太老梗，用 50 年前的訴求吸引不了 50 歲以下的消費者？還是另有其他經營與行銷上的考慮因素？

不要太過道貌岸然

上例 Hidalgo 似乎是栽在道德團體手上，但行銷烏龜哲學仍認為不要太過道貌岸然是不輸的原則之一，因有道德的消費者的確很多，但多數可能不是道貌岸然，這或許可由以下一些著名的政治或公益的非營利的訴求獲得些許佐證。

護組織的氣勢。也拍了《Vegetarians Have Better Sex》[10] 廣告，更是轟動武林，儼然成為素食主張的盟主。

聯合國和 PSI 也很親民

右為國際知名衛生健康團體 PSI (Population Services International) 轄下的 YouthAIDS 計畫，為宣導愛滋病防治的海報[11]，若貼在台灣，國會議員們一定意見很多，下場恐怕不亞於墨西哥 Hidalgo 州，但議員們可能為了研究更美妙的意象設計，會索取數百份海報四處送人，廣徵民意。

下圖[12] 乍看以為是賣珠寶的，細看又像紐約高級性愛招待所，原來是聯合國宣傳水資源的 World Water Decade 廣告。真是遠看一朵花，近看像烏鴉，原來是山水，唉呀我的媽。

從此些案例中，我們發現這些團體的性質都是造福人群的正大光明，所推廣的主題也是擲地有聲的正氣凜然，但訴求表現卻不乏道德化，一點也不道貌岸然。行銷人無妨可再了解更多狀況，確認是不是因為太過道貌岸然，很難與大多數的消費者溝通，致訴求的目的較無法達到，也不易建立市場。

任督二脈要打通

推拉是行銷最重要的概念，在任何行銷工作中，不論策略規劃或小到推銷禮儀，在在都與推拉脫不了關係。推拉可以說是企業與消費者間的任督二脈。舉一個簡單的例子，企業藉由訓練或獎勵「推」動行銷人高興去賣，也用廣告或促銷把消費者「拉」到店裡或高興被推銷。一邊高興賣，一邊高興買，行銷才易形成良性循環，好似任督二脈打通，行銷績效也就水到渠成。

有推沒拉或有拉沒推，買賣就有一方不高興，循環形成不了，績效自然可能受阻。所以，行銷不輸的第四原則是推拉要併用，任督二脈才能打通。也提醒行銷人，當業績達不到時，不要哀哀怨怨，要立刻檢討推拉措施有沒有做好。

推拉在行銷學中，被簡化為推式策略 (push strategy) 及拉式策略 (pull strategy)，前者如教育訓練或銷售獎勵等，後者如廣告或促銷等。然，廣告只具將消費者「拉」來被推銷的效果嗎？對經銷商的銷售獎勵只具促使經銷商更賣力去「推」廣的效果嗎？對公司業務人員的教育訓練只是屬於「推」的措施嗎？其實不盡然。良好的廣告也可建立業務人員「推」銷及經銷商「推」廣的支援與信心；良好的經銷商銷售獎勵制度有助於「拉」進業務人員與經銷商的距離；透過教育訓練，人員的確可具備更強的「推」銷力，但更可以「拉」起人員的向心力與凝聚力。

所以，行銷烏龜建議行銷人逆向思考，在設計推或拉的措施時，須由每一措施去思考推及拉的效果，使每一措施都形成推拉循環，那整個行銷推拉大循環中有許多推拉小循環，行銷的任督二脈

才叫打通，全身舒暢。行銷人之行銷邏輯的建立也才大功告成。

漢堡王一隻小手抓三隻鳥

推拉併用並不是要大推大拉，而是將有限的資源視競爭的狀況分配在推或拉措施上。如漢堡王 Burger King 在美國推出《Tiny Hand》[13]（小手）訴求「手小的吃麥當勞，手大的吃漢堡王」。訴求一：雙層起司漢堡很大粒，是產品特色訴求；訴求二：比麥當勞大，是比較性訴求；訴求三：只要一元，是促銷訴求。三個訴求一體，多重拉力極強，若再加上廣告量大，可能就不需要有額外的推力安排。

嫌棄就快來的 Interbest

荷蘭的 Interbest 是一家廣告行銷公司，有一些 T 霸要出租，就做了招租廣告，訴求「你愈快來廣告，愈好」[14]，有趣極了，如右，難怪榮獲坎城廣告展 (Cannes Lions) 2010 年銀牌獎。出租 T 霸，打上「招租」就已有拉客效果，用點心，配上很詼諧的圖案，拜託趕快來租，不然就常會看到一些挖鼻屎等令人噴飯的窘態。由於此種無傷大雅的表現，傳播頻寬男女不拘老少咸宜，非常容易形成話題，不但拉力強，業務人員

更容易推銷，Interbest 公司本身也可能創造出額外的附加價值。

不輸的秘笈就在不服輸

上例 Interbest 創造出之附加價值會有降低價格彈性，承租人較不容易殺價，再者 Interbest 也為自己的廣告行銷能力做了強有力的廣告。這就是行銷烏龜「不服輸」的理念。

行銷烏龜哲學的「不服輸」不是不認輸或嘴巴嚷嚷不服輸，或胸有大志看魚兒往上游。而是要有實際行動，不斷超越自己，簡單講就是要創新，只有不斷創新、不斷超越自己，才夠稱「不服輸」，才有「不服輸」的本錢。須特別強調的是行銷烏龜哲學的「創新」概念並不一定指以重金換黃金的新市場或新技術投入，而以針對現有的條件去做改變為主。換句話說，將現有的產品或既有的策略加些知識思考，使其發揮更高的附加價值。Interbest 投入的製作成本很低 (腦力成本不計)，但獲得的利益卻難以估計。

衛生紙在百貨公司設專櫃

近年來，最轟動的產品創新絕對少不了葡萄牙的 Renova 衛生紙，就因為「誰說衛生紙一定是白色的」，而開始 Color Renovation[15] (色彩更新)，2005 年先推出黑色衛生紙，一時洛陽紙貴，後紅綠橘黃等顏色也陸續上市。Renova 創新不是研發出自動擦屁股用紙，而只是把 Renova 加 tion，把色彩因素加入衛生紙而已，便讓平凡無奇，用過棄之唯恐不及的衛生紙變成人們驚訝的話題。

在 Renova 官網上，白色印花衛生紙 9 捲約台幣 115 元，平均一捲 12.5 元；彩色衛生紙 6 捲裝約台幣 216 元，平均一捲 36 元。就只加入色彩因素，零售價增加兩倍，這才叫行銷，也是腦力創新應有的回報。更令人驚訝的是在台灣與日本，6 捲平裝的彩色衛生紙價位皆在 699 元左右，這是否會影響 Renova 在台灣、日本的品牌發展，抑或 699 與 400 元在消費者心中是一樣的。此或許值得行銷人再瞭解更多狀況，斟酌斟酌。

Renova 的 Color Renovation 也創新了衛生紙的行銷通路。因為膨鬆又佔地方，單價也不高，衛生紙通常是被堆在賣場牆角。但 Renova 卻在歐洲最大的連鎖百貨 El Corte Inglés 的里斯本店設立專櫃，色彩繽紛奪目，夠顛覆。

成功經驗要是能複製，屎也可以吃喔

行銷烏龜哲學主張「不輸」，而「不輸」的秘笈就在不斷創新、不斷超越自己的「不服輸」。有人說：魔鬼就在細節裡，細節決定成敗。的確，行銷的成敗也常在細節的一個小改變、小創新。

行銷人要在超越自己上有增長，多讀多聽坊間的行銷書、大師言論或成功回憶之成功經驗、致勝策略 (行銷烏龜哲學不喜歡談致勝)，納百川，但切記更要多思考、多咀嚼，使納入之百川形成屬於行銷人自己的邏輯大河。否則，每一致勝經驗都有其相關的時空背景與條件，別人的成功致勝可能變成你的糖衣毒藥。

也有人會宣稱「複製成功經驗」，行銷烏龜哲學只能粗魯的說成功經驗要是能複製，屎也可以吃。

1. http://adsoftheworld.com/media/outdoor/bmw_checkmate
2. http://adsoftheworld.com/media/print/volkswagen_polo_bluemotion_lighter
3. http://adsoftheworld.com/taxonomy/brand/imedeen
4. http://banderasnews.com/0806/nr-toneddownad.htm
5. http://designarchives.aiga.org/#/entries/%2Bid%3A14873/_/detail/relevance/asc/0/7/14873/avis-is-only-no-2-in-rent-a-cars/1
6. http://waitingfortheelevator.com/wp-content/uploads/2015/07/Avis-We-Try-Ad.jpg
7. https://www.youtube.com/watch?v=oKRfD4BG3ow
8. https://www.youtube.com/watch?v=BL6aDTMpM10
9. http://www.mediapeta.com/peta/Images/Main/Sections/MediaCenter/PrintAds/holly_madison_rather_go_naked2.jpg
10. https://www.youtube.com/watch?v=5WIO5Zk1Gmo
11. http://sandeepmakam.blogspot.com/2006/10/aids-on-street.html
12. http://sandeepmakam.blogspot.com/2007/05/united-nations-world-water-decade.html
13. https://www.youtube.com/watch?v=xu_bE7g2wqM
14. http://adsoftheworld.com/taxonomy/brand/interbest
15. http://www.renovaonline.net/you_index.php?lang=UK

▎18▎ 行銷真的很好玩

　　行銷有許多定義，族繁不及備載。我的看法簡單的說，行銷就是：個人或團體要他人接受其產品、服務或意見，所經歷的溝通過程與所使用的溝通方法。

　　自古以來，行銷真的很好玩，我很喜歡由各品牌外顯出的各種廣告來看各品牌的企圖，並從中欣賞這些廣告顯現出的美感，做為充實做為一個行銷人的邏輯內涵。有興趣嗎？跟著我看下去。

行銷和我們的生活長相左右

　　以買賣為例，行銷是企業將產品依自己的交易條件賣出，並把貨款依交易條件收回的過程與所使用的方法。一個人去應徵求職，讓面試者接受你這產品及條件也是行銷。上述所謂的團體可能是企業、國家、城市或團體。一個國家推廣其觀光，一個政府推銷其政策，一個政黨、一個團體推銷其理念，未嘗不是要消費者接受其政策、理念，此亦都是行銷。

　　行銷不但無所不在，與我們的生活長相左右，其最大的本質即在「非常動態」性，之所以稱「非常動態」乃因行銷不只企業自己與消費者，牽涉的關係人實在不少，且影響交易的程度隨時不同；再者，企業在所處的競爭賽局，消費者、所有關係人也常變動，市場變得難以捉摸。尤其 internet 成為趨勢以來，信息傳播速度、層面，持久度均大異以往，企業藉其迅速爆紅的很多，但被其爆焦、

凸臭的也不少。此更加深行銷「非常動態」的本質。

¿想想讓你可以找到很多寶貝

行銷不是現代的產物，古代就有，隨著溝通工具之創新，行銷發展一日千里，尤其近年來 internet 成熟化，商業行銷幾乎已是全民運動，網拍網購與秒殺顛覆了許多傳統行銷思維。¿想想的概念是 internet 促使行銷工具大變，如以前藉電視，現在廣告可能出現在手機，以前電視廣告有一定時段，現在手機隨時可以滑，以前電視的容量是時間，現在手機的容量在雲端；容量無限大，競爭對手也變多，若廣告創意不夠「嗆」，例如不能賺人眼淚、不夠夭壽、不夠 kuso，就產生不了轉傳，沒有轉傳，就好比恆河的一粒沙，沒名沒姓沒人認識。

太多人把很多古今中外的廣告 po 在網上，在網上也能藉查證廣告的出處找到相關的論述與意見，碰到看不懂的語言，還可另開視窗查單字學語文，其有趣，也真是寶庫。¿想想吧！

古往今來話行銷

我們來回味一些有趣的歷史，日本 1806 年是十一代將軍德川家齊主政，右圖之賣金生丹傳單[1]上的武士正是那時以江戶為中心，化政文化下的浮世繪；金生丹應是「解鬱去毒」的藥，文化與商業結合，彌足珍貴；200 年後，日本穴吹工務店的《小紅帽》[2]更是 kuso，建設公司也浮世得更令

人驚嘆。

可口可樂經過 100 多年，果然大不同，從 1890 年代的裹來玉筍纖纖嫩[3]，進化到放下金蓮步步嬌[4]，衣服愈穿愈少，身材也由豐腴圓滾滾變成苗條火辣辣。

1895 年美國流行增重，get fat 的食品廣告如左[5]。由可口可樂及增重食品可以印證消費流行的差異。當時並非窮到要增重，現代也不是窮到沒錢買布。風水輪流轉，社會觀感不喜歡楊貴妃，減重成為主流，2009 年獲得坎城廣告金獎的 Levis 推出 slim 牛仔褲[6]，如左下，大行其道，可看出古往今來的行銷確實各異其趣，不過也很清楚說明宣傳訴求與社會氛圍，也就是消費者需求，是連在一起的。

internet 改變訴求工具，改變不了訴求創意

時至今日，行銷的運用已大幅擴充到政治等非商業範圍，以推廣黎巴嫩和平為宗旨之黎巴嫩之友會 (Friends of Lebanon)，2006

年推出兩大訴求：右上之 Help stop
the destruction 及右下 Help stop the
bloodshed[7]，以國旗流血及國徽枯萎
呈現其訴求。但願真主阿拉保佑黎
巴嫩，恢復昔日的小巴黎。

2000 年，PETA 請來紐約警探
影片的女主角 Charlotte Ross 上陣，
裸體抱著小白兔寧願露出屁股，也
不願穿皮草 (I'd rather show my buns
than wear fur)，訴求善待動物[8]，一
舉讓 PETA 爆紅。

世界自然基金會（World
Wildlife Fund, WWF） 訴 求：
政客或許會告訴你盤子變大
了（Politicians will probably
tell you that plates are getting
bigger）[9]，如左下圖，強調野

生動物來不及長大，就被捕殺，也揶揄政客的
「幽默感」，實發人深省。

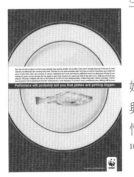

比較爽口的是 Sex Cinema Venus，荷蘭阿
姆斯特丹紅燈區最古老的色情電影院，為了振
興紅燈區，特別挺身而出，規畫 8 厘米老式色
情影片欣賞，並製作一張名叫 8mm bush 海報
[10]，如下頁上圖，真是令人噴飯。波蘭婦女黨

(Partia Kobiet) 也不遑多讓，黨主席親率黨員脫光衣服拍競選海報[11]，如右下，令男人凸眼症發作，還以為要找男人 PK，波蘭人顯然見多識廣，並沒有因其使出脫光戰術，眼花撩亂，而把選票投給他們。從前揭的聯合國到荷蘭色情電影院，從正經八百到 8mm bush，行銷真是與我們長相左右。無肉令人瘦，無竹令人俗，無行銷令人不知日子怎麼過。

VW 開風氣之先

在行銷思維變化上，1959 年 VW 汽車在大車的美國賣小車的 Think Small[12] 訴求被認為是定位 (positioning) 與 USP 特點銷售主張 (Unique Selling Proposition) 的濫觴，如下。時至今日，定位與 USP

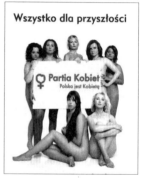

依然是行銷策略制定前，最重要的一環。或許，我們可以說：不論行銷溝通工具如何變化，行銷的基本策略仍然大同小異，但處理及應變速度卻隨著溝通工具愈來愈快速。

這些訴求創意，如 VW 的 Think Small 都已經快 60 歲，還是黑白電視年代，但流傳至今，現雖已是 internet 時代，但行銷要的仍是這些創意，這是許多行銷人在耍弄 internet 應用工具，所應特別

在意的行銷本質。

internet 開啟互動行銷

自從電視購物發達以來，消費者保護也愈加周全，消費者的購買決策行為有很多改變，以往要看到產品才買的購買習慣，已有淡化的趨向，因而在 internet 成熟後，網購迅速崛起，開始刺激行銷思維的 *i* 化。

internet 影響行銷思維，最明顯的是互動行銷 (interactive marketing) 的概念被廣泛運用，一般稱為廣告遊戲 (advergame)。廣告遊戲並無產品性質或價格高低的限制，因其篇幅無限，互動的模式就很多樣化。例如瑞典 Volvo FH16 700 上市時推出競賽的遊戲軟體 [13]，促使 player 不斷去發揮 Volvo 卡車的功能，贏者有獎，兼具置入、體驗、互動等多項行銷功能的創意。這個遊戲軟體內容，也有部份可以當 salesman 的 selling kit，行銷人無妨上去玩玩，順便揣摩一下自己產品的應用吧。

Volvo FH16 700 是 2009 年上市的，才幾年光景，已經有很多網站撤除該遊戲軟體，這表示 internet 可讓一訴求快速崛起，也快速被淹沒。

其他比較遊戲功能的廣告遊戲有 Skittles 彩虹糖的 Darkened Skye、7 Up 的 Cool Spot、美國陸軍的 American Army、富士電視的 Doki Doki Panic、Chupa Chups 棒棒糖的 Zool 等 [14]。現在廣告遊戲大都轉以 App 為之。

互動行銷也被運用在街頭行銷,稱為 guerrilla marketing(游擊行銷),游擊行銷是新的話題,雖然被稱為行銷的創新,其實非常類似古代的街頭推廣,如在街頭舉廣告牌、發傳單、送試用品等,若同時聽取不特定消費者的意見,與消費者互動,讓消費者實際體驗,而不跑給警察追,就是現代游擊行銷的模式。近來高露潔牙膏[15]利用游擊行銷的概念,拍了不少廣告,兼具見證與置入性效果。

置入性行銷

置入性行銷 (Embedded marketing 或 Product placement) 這名詞因 UN For Taiwan、發行消費券等政府廣告,而聲名大噪,但被嚷嚷得有點負面的味道。嚴格上,這些廣告一點置入的意味都沒有,只不過是政策訴求。要說置入,還比不上紐約曼哈頓的城中健身館 (mid-city gym),如右圖黑色部份,至少偷偷置入整版彩色繽紛的色情分類廣告的中間,還大刺刺的標下「Stop Paying for It」[16],要大家去健身,不要付錢買春。不過,這也還不算置入性行銷。

真正之置入性行銷是:在與消費者溝通過程,藉完全無關的事吸引、取信消費者,從而愛屋及烏地對真正要行銷之產品產生喜愛、信任。譬如電影主角喝一瓶水,品牌名稱出現在鏡頭中。

　　有幾支有名的廣告也有此味道，從片頭到片尾看不到品牌，看不到產品，讓消費者沈醉在故事情節中，待醒來才知原來是某品牌的某產品。例如潘婷 Pantene 頭髮產品在泰國拍的《you can shine》[17]，藉由聽障小提琴家的故事來置入，裡面對話很有行銷哲理，行銷人可細嚼慢嚥，會很有啟發。又如加拿大 Fortnight 手工內衣，明明賣內衣，卻教人如何做心肺復甦術，好一支《Super Sexy CPR》[18] 廣告，不過吸引的可能都是男生。台灣光泉晶球優酪乳的《小傅 bye bye》[19] 也不輸人。台灣的電視新聞或節目充斥置入性行銷，自古即有，雖置入性行銷有法令規範，但電視製作人愈來愈聰明，行銷人如何合法運用，是一個很好的話題，值得用心思考。

微電影大量興起

　　由於 Youtube 是免費，很多企業就把昂貴的電視託播費轉成影片拍攝，且不受以往廣告 15 秒或 30 或的拘束，因而產生了微電影（micro movie、micro film）。微電影不是純創作的短片，是故事行銷的一種。

　　微電影適合在移動狀態或是短時間休憩狀態下所觀看，有完整故事情節長度沒有標準，通常約 3-5 分鐘，可以單獨成篇，也有成系列的。因其長度較短且有完整劇情呈現，容易受歡迎與具有吸引力，因此近年來微電影以各種形式被企業界廣泛使用。

　　上述提到的潘婷《you can shine》其實也是微電影，很勵志很感人；一樣感人的例如三菱汽車《爸爸的背回家的路》[20]，有 100 多萬人點閱；Toyota《那些長大後才知道的事家族旅行》[21]，有 200 多萬人點閱；中華電信《曼曼婚禮》[22]，有 270 多萬人點閱。7-11 走

都會風，《我單身 並不代表我隨時有空》[23] 也有 60 多萬人點閱。

金士頓 Kingston 是全球頂尖的 DRAM 記憶體模組、快閃記憶體、隨身碟廠商，自 2013 年推出《記憶月台》[24] 150 多萬人點閱，造成大量轉傳，2014 年《當不掉的記憶 88 個琴鍵》[25] 100 多萬人點閱，2015 年再推出《記憶的紅氣球》[26] 共 300 多萬人點閱，形象及知名度大大提高。

微電影的概念簡單說是一個故事的極短篇，愈短愈好，把自己的產品置入，愈無形愈好，不論是勵志的、感性的、搞怪的，最後的引爆點要出人意表，才能有被轉傳的可能。以上述的例子，獲得百萬人點閱，投資報酬率絕對高於任何電視、報紙等媒體。

現代的年輕人很棒很厲害的，拍攝、剪接、後製等難不倒他們的，有心的企業，多加激勵自己的年輕員工去做吧！

1. http://en.wikipedia.org/wiki/Advertisement
2. https://www.youtube.com/results?search_query=anabuki+commercial（關鍵字 anabukicommercial）
3. http://www.loc.gov/pictures/resource/cph.3g12222/
4. http://www.coloribus.com/adsarchive/prints/coca-cola--10981305/，2007 年紐西蘭廣告
5. http://www.loc.gov/pictures/item/91720041/（關鍵字 library of congress Get fat on Lorings）
6. http://www.coloribus.com/adsarchive/prints/levis-slim-jeans-slim-figures-1-7791405/（關鍵字 Levis slim jean）
7. http://osocio.org/message/help-stop-the-bloodshed/
8. https://wordsfromcasanova.wordpress.com/2015/03/23/semiotics-peta-bares-it-all/
9. http://www.standaard.be/extra/solidariteitsprijs2006/87wwfweb.pdf
10. http://www.coloribus.com/adsarchive/outdoor/unknownadvertiser-8mm-bush-13552905/
11. http://www.libertytimes.com.tw/2007/new/oct/14/today-int3.htm
12. http://www.greatvwads.com/pix/ad07.htm
13. http://www.strongesttruck.com/
14. https://www.youtube.com/watch?v=ydCIlyYLAqk
15. https://www.youtube.com/watch?v=iwq8wDGXvd4
16. http://www.sanjeev.net/printads/m/mid-city-gym-stop-paying-for-it-2337.html

17. https://www.youtube.com/watch?v=uyZnUptxuvM

18. https://www.youtube.com/watch?v=VVatbUQ8wnE

19. https://www.youtube.com/watch?v=ou2jWLF7fjU&index=2&list=PLD6CC115B8979342E

20. https://www.youtube.com/watch?v=AvnMaJwqmHw&list=RDp2OK4wbPO4I&index=4

21. https://www.youtube.com/watch?v=b_I55RRCi6g

22. https://www.youtube.com/watch?v=kvWRfLnZd_4

23. https://www.youtube.com/watch?v=DcgadhZiFzs

24. https://www.youtube.com/watch?v=xTRyYdUHtK0

25. https://www.youtube.com/watch?v=MZRuw37aqLY

26. https://www.youtube.com/watch?v=CNGZyGi9Vz8

17.http://www.youtube.com/watch?v=p20K4wbPO4I

18.https://www.youtube.com/watch?v=VVatbUQ8wnE

19.https://www.youtube.com/watch?v=ou2jWLF7fjU&index=2&list=PLD6CC115B8979342E

20.https://www.youtube.com/watch?v=AvnMaJwqmHw&list=RDp2OK4wbPO4I&index=4

21.https://www.youtube.com/watch?v=b_I55RRCi6g

22.https://www.youtube.com/watch?v=kvWRfLnZd_4

23.https://www.youtube.com/watch?v=DcgadhZiFzs

24.https://www.youtube.com/watch?v=xTRyYdUHtK0

25.https://www.youtube.com/watch?v=MZRuw37aqLY

26.https://www.youtube.com/watch?v=CNGZyGi9Vz8

|19| 行銷本質的三大支柱

綜觀古今行銷的變遷，真是「道冠儒履釋袈裟，五教源來是一家。紅花白藕青蓮葉，綠竹黃藤紫筍芽，雖然行服難相似，其實根源本不差。大道真空原不二，一樹豈開二式花。」

三大支柱和四空一不空

行銷思考及行為似乎萬流歸宗，但因新溝通工具的出現，而使得行銷思考及行為變得更寬廣，企業與消費者的溝通及應對速度愈來愈快、頻率愈來愈密集。然架構行銷本質的三大支柱依然屹立不搖，三大支柱分別為 (1) 有一定就沒有行銷，(2) 搞清楚你的競爭對手，(3) 行銷招式要五蘊皆空，五蘊皆空包括「四空一不空」。其中「四空」為 (1) 放開思考，不要再有框框，(2) 以今天的經驗打明天的戰爭，(3)「不輸」及「不服輸」的體認，(4) 健全邏輯，零基思考，一不空為絕不黑心行銷。

很坦白告訴行銷人，在這 internet 世代，如能細細品味三大支柱和四空一不空，一定可感受到千年何首烏的味道。

有一定就沒有行銷

行銷「非常動態」性的本質，乃因牽涉到許多可控不可控、內外在、可推估不可推估、行銷非行銷的因素。影響此些因素的來源至少包括企業自己、通路份子、消費者、參考群體、利益團體、市

場環境及競爭對手。除了企業自己外，其他均可謂不可控、不可推估的變數，但也不能篤定地說企業自己就是可控因素，因為不乏內在可控因素忽然失控的例子。

也就是行銷本質上就是非常動態，什麼因素會變，什麼因素沒有變，難以事先或隨時完全掌握，所以行銷人一定要步步為營。2010 世界杯足球賽在南非殺得難解難分，終局的最大贏家是德國章魚大仙保羅 (Paul) 八次預測八次神準，八戰全勝，連飼養的奧博豪森水族館也以保羅為貴，最大苦主由 Nike 獲得，六大將全被 KO。

這不是在揶揄 Nike

Nike 在世界杯期間 (溫布頓網球大賽亦同時舉行) 花大把銀子推出《Write The Future》[1] 大部頭 CF 與平面廣告[2]，如右，試圖藉力捧巴西小羅納度（Ronaldinho Gaucho）、 英國魯尼（Wayne Rooney）、葡萄牙羅納度（Cristiano Ronaldo）、義大利卡納瓦羅（Fabio Cannavaro）及象牙海岸德羅巴（Didier Drogba）等球星，凸顯

品牌形象。結果小羅納度沒入選巴西隊，餘四大球星總進球數兩粒，所屬的國家隊全止於 16 強，連被抓來陪魯尼打乒乓球的網球天王費德勒（Roger Federer）也遭殃，2010 溫布頓大賽在 8 強止步。

舉這個例子的目的不是挪揄 Nike，而是提醒行銷人：為何 Nike 實力如此強大，預測卻完全失準，是 Nike 不行嗎？絕對不是，而是變數實在太多。

變數多可以理解，但六大將全軍覆沒，連一個都預測不到，難道不是 Nike 能力太差？的確也不是。從 Nike Write The Future 事件省思，行銷人更要切記：不要以為什麼事一定不會發生，什麼事一定會發生，行銷如果有「一定」，就不叫行銷。

輸要知為何輸，贏也要知為何贏

「輸要知為何輸，贏也要知為何贏」，不能輸得不明不白，贏得莫名其妙。這是行銷烏龜哲學的堅持，重點就是行銷人要了解輸贏的背景因素，並導入自己的行銷邏輯中，不斷擴充充實涵蓋面，甚或修正原有的行銷邏輯。而不是贏了爽得很，就說這策略有用；輸了楚囚對泣怨天尤人，就認為那策略不靈。

就算衰到爆，相信 Nike 還可窮開心，因為至少認清一些事實；不會再認為天王「一定」會有些水準，也不會再認為天王軍團齊出，「一定」不會全被烏龜摃倒。不過，還是百事可樂比較事後諸葛亮，用半隻假章魚就舉罐乎乾啦 [3]。

搞清楚你的競爭對手

行銷是一個競爭賽局，沒人會否認，連開個政府都會有在野黨競爭，何況是自由經濟的企業界。但在賽局中，你在那裡？你的上家是誰？下家是誰？和你拳頭一樣大顆的又是誰？你要打的是誰？又可能被誰打？這些問題是行銷人隨時都要有答案的。這是「競爭者導向」(competitor oriented) 最基礎的認識。

解析這些問題，區隔市場與賽局的觀念是不可或缺的，因只有明確清楚你處在那一區隔市場之那一賽局，才能清楚你所處的相對地位，才能知道你可以打誰或會被誰打，才能做好競爭策略和競爭對手決策。若不清楚可以打誰，自然不知道要打誰的那裡，不要說行銷，連推銷都會變得零零落落。一般用來區分市場的因素極多，如人口因素、心理因素、價位因素、形象因素等；區分賽局則以市場占有率為主，市場占有率代表的是品牌的綜合實力。以下用幾個例子來說明區隔市場與賽局。

Fedex 與 DHL 二打一

2007 年，Fedex[4] 與 DHL[5] 的廣告同時在德國出現，如右，UPS 成了苦主，一時間物流界沸騰起來。右上之 Fedex 很明顯是告訴消費者：與其找 UPS 轉託至 Fedex，不如直接找 Fedex 托運，攻擊的企圖很強。DHL 則直接將 UPS 的商標加引號，UPS 的德文發音同 oops，oops 之中

文為「哎呀」，意思是哎呀！竟把貨交給 UPS。

Fedex 與 DHL 都把 UPS 當對手打，三品牌毫無疑義都處於同一區隔市場，但三牌在同一賽局中嗎？為何 UPS 對 Fedex 與 DHL 的攻擊完全沒有回應？

Fedex 及 DHL 根本和 UPS 不同賽局

在 2006-07 年間，UPS 的全球市場占有率大約是另兩牌的 1.3 倍，Fedex 與 DHL 之差距不大，所以 Fedex 與 DHL 是屬同一賽局，UPS 則不在該賽局內。換句話說，UPS 是重量級，Fedex 與 DHL 是中量級。或許是 Fedex 與 DHL 並未認清與 UPS 在不同賽局的事實，錯把 UPS 當對手，浪費攻擊資源，2008 年，UPS 與 Fedex 之占有率差距拉得更開，而 DHL 甚至考慮把空運業務外包給 UPS[6]。

在 Fedex 與 DHL 進行上述攻擊期間，UPS 並未隨之起舞，獨自在 A 咖賽局中逍遙，未與 B 咖賽局中的 Fedex 與 DHL 一般見識。就策略面而言，UPS 是正確的，因為 Fedex 與 DHL 還小，打不到他，與其回應不如訴求自己的優勢。而對 Fedex 與 DHL 言，應是去攻擊 C 咖賽局中的物流業者，壯大自己，待提升占有率至可進入 A 咖賽局，才與 UPS 一較高下。

DHL 竟然一人打兩人

DHL 在 2007 年間，策略似乎完全亂了套，不但消遣 UPS，連 Fedex 也遭毒舌[7]，如左圖，本來與 Fedex 在占有率上還不相上下，2008 年也明顯落後了。DHL 單打 Fedex 或 UPS，都要

喘噓噓了，何況一次打兩個，不退步也難。

有趣的是全球 C 咖賽局的加拿大 Purolator[8] 竟然做出和 DHL 在新加坡一樣的訴求，如右圖，巧的是時間皆是 2007 年 11 月。fed up 的中文意思是厭煩的、難以忍受的。這種行銷思考的邏輯有些奇怪，消費者如果討厭 Fedex 或 UPS 的服務，自然不會選擇，DHL 未免多此一舉；消費者如果不討厭 Fedex，Purolator 和 DHL 不是與消費者為敵？

上之物流賽局是由產品看行銷競爭，另一類是由品牌看競爭賽局，會發生在競爭對手間之全系列產品大多重疊時，如前揭 BMW 與 Audi 的看板大戰。

Audi 和 BMW 的殊死戰

前面曾提到 Audi 的「Your Move, BMW」，當時出現之產品為 A4(175 萬至 325 萬，台灣原廠售價，下同)，BMW 將軍死棋則是以 M3(488 萬至 509 萬) 回應，回應後，Audi 立刻更新為 Time to check your luxury badge, it may have expired[9]，端出 R8 (948 萬) 諷刺 BMW 名不副實。

A4、M3、R8 之價位差距應屬不同區隔市場，到底高來高去，為那樁？BMW 與

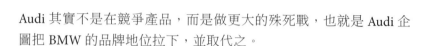

Audi 其實不是在競爭產品，而是做更大的殊死戰，也就是 Audi 企圖把 BMW 的品牌地位拉下，並取代之。

市占率差距 25% 內才是競爭對手

市場競爭賽局本身也不是穩定均衡的，同一區隔市場中之賽局數、各賽局中之競爭者數都隨時隨著各品牌之市場占有率變動而異。沒有一定的賽局數，每一賽局中也沒有一定的品牌數。

根據我的實務經驗，統計分析許多產業的競爭，發現要發生市場排序變動，小牌的市場占有率至少要是大牌的 80%(大牌是小牌的 1.25 倍)，才有逆轉的機會，也就是說賽局的分界是占有率差距 25%。例如各品牌之占有率依序為 24%、19%、17%、16%... 等，24% 者獨成一賽局，其他品牌不是競爭對手，因其與 19% 者差距逾 25%。19%、17%、16% 三者，則成一賽局，因 19% 者對 17% 及 16% 者之占有率差距不逾 25%，三者互為競爭對手。

但若各品牌之占有率依序為 24%、19%、15%... 等，則三者均獨成一賽局，因其差距皆逾 25%。獨成一賽局，但並非沒有競爭關係，15% 者可能面臨 24%、19% 兩者的攻擊，但其不能攻擊 24%、19%，其較有利的攻擊對象是比他小的品牌。

小打大一般只為提高身分

行銷實務中，也會發生小牌以大牌為對象攻擊的實例，例如以大牌為差異比較之攻擊訴求，一般而言，此為行銷手段的運用，為得是提高自己的身分，不見得能在短期間內獲得穩定的市場占有

率。畢竟行銷績效是綜合許多因素的結果。

市場因競爭而使各品牌占有率變動，賽局之均衡不斷被打破，新的賽局不斷被重建。任何企業在市場競爭賽局中，若不想出局，必須在均衡不斷被打破與新均衡不斷被建立的過程中，明確知道我在哪裡、我的上家是 XX、下家是 YY、和我拳頭一樣大顆的又是 ZZ，知道要打誰防誰，如此才能制定策略。

五蘊皆空的四空一不空

行銷的用途既然很廣，但行銷到底是什麼？其實它什麼都不是，而只是一種想法，或是一種概念。行銷人絕不能以為行銷的方法、招式、策略可以放諸四海皆準。就好像追女朋友，追富豪千金與追小家碧玉的思維當然不同，昨天與明天的想法也可能不同。行銷只是一種概念或一種想法，它告訴行銷人要永遠保持五蘊皆空，不要執著。

環境、條件動，概念、想法隨之動、策略、應對自然跟著轉，放開思考，不要再有框框，行銷空間無限寬廣。如果一定要花錢找人捧兩個奶來[10]，內衣才能賣，不如放開思考找兩粒橘子[11]。這是行銷人對行銷應有的第一個基本認識。

以今天的經驗打明天的戰爭

行銷又是什麼,行銷是一種競爭。在自由經濟中,除非產品是完全獨佔且無替代性,否則就會互相爭取銷售機會。既然有競爭,每一品牌都想增加銷售,自然就會使出渾身解數,所以有人將行銷比喻為戰爭,並不為過。而且這種戰爭的特色是以今天的經驗打明天的戰爭,明天又將如何,誰也不知道,這是行銷人對行銷應有的第二個基本認識。

「不輸」及「不服輸」的體認

既然是戰爭,就沒有人想輸。然而,能隨時都贏嗎?這是行銷人對行銷真正應痛下決心去思考的問題。因為明天的敵人是誰,會使用什麼方法,明天的消費者偏好會不會改變等等,都是難以捉摸的,既然難以捉摸,又如何確定會贏。所以行銷基本上是求不輸的。正如烏龜一樣,你看牠不起眼,把牠從樓上踢下去,牠頭腳一縮,叩一聲,跌到樓下;伸出頭來,四下無危險,昂首闊步向前走。讓環境及競爭對手打不死,就有贏的機會,這是烏龜哲學「不輸」及「不服輸」的體認,也是行銷人應有的第三個基本認識。

健全邏輯,零基思考

就好像會計的零基預算概念一樣,由零為基礎出發,重新思考,編製計劃和預算。行銷其實也一樣,縱令明天的策略與今天相同,也一定是重新審視包括企業自己及整個競爭環境等之細節後的決策,亦即五蘊皆空,在行銷人的行銷邏輯中由零重新 Go Through 一趟。零基思考,把整個競爭環境中全部狀況轉一圈,應有什麼策略或作法的圖象,就自然會比較清楚;為什麼要有這些策略或作法

的信心，也自然會比較堅定。這是行銷人應有的第四個基本認識。

絕不黑心行銷

五蘊皆空的一不空是絕對要執著「絕不黑心行銷」，行銷是為企業或團體或國家之永續而存在的，不是為追逐短利、不顧社會福祉而存在。舉凡不符健康安全的產品，不實的廣告等皆是行銷人要堅持不為的，不管利益有多大。

用完整的行銷邏輯 F 下去

行銷人當要說「因為…，所以有此策略」時，請先由平時建立的行銷邏輯零基思考，五蘊皆空，打開思考空間，誰說衛生紙一定是白色的？誰說航空公司不能像蘇俄《Avionova Airline》露肚臍洗飛機[12]？

舉一個真實故事，說明行銷人不能隨意「因為…，所以…」。數年前，美國有一大型連鎖百貨公司，有一款繡有 *Fuck & Treat* (Fuck & Treat) 字樣之萬聖節毛衣大熱賣，各界無不豎起大拇指：「因為決策階層有膽識與智慧，所以能創造出熱賣的產品」，大力按讚，嘖嘖稱奇。實情是原設計為正常的萬聖節 Trick & Treat 字樣，負責生產的工廠荒唐的將 *Trick* 繡成 *Fuck*，負責驗貨的貿易公司竟然未查覺，離譜的是該百貨公司也沒有發現亦將之上架，待內部發現有異要下架，已被消費者搶購一空，只回收不到 10%。一連串莫名其妙的凸槌，造就出令人驚歎又好奇的績效。該百貨公司的許多競爭對手，當時還死力用心的按讚，追探誰有如此的「大智慧」，敢Fuck 下去。或許這就是行銷。

1. https://www.youtube.com/watch?v=lSggaxXUS8k

2. http://www.coloribus.com/adsarchive/prints/nike-football-write-the-future-drogba-13711605/

3. http://adsoftheworld.com/media/print/pepsi_paul

4. http://www.coloribus.com/adsarchive/outdoor/fedex-ups-truck-10645505/

5. http://www.coloribus.com/adsarchive/prints/dhl-ups-10696405/

6. 2009 年初 CNN 報導 DHL 有意將空運業務外包給 UPS。

7. http://www.coloribus.com/adsarchive/prints/dhl-fed-up-9324055/

8. http://www.coloribus.com/adsarchive/prints/purolator-fedup-10771455/

9. http://bestnashvillebillboards.com/bestbillboardscontent/uploads/2014/12/audi-check-your-luxury-badge.jpg

10. https://www.youtube.com/watch?v=XmkWS7nVIrg

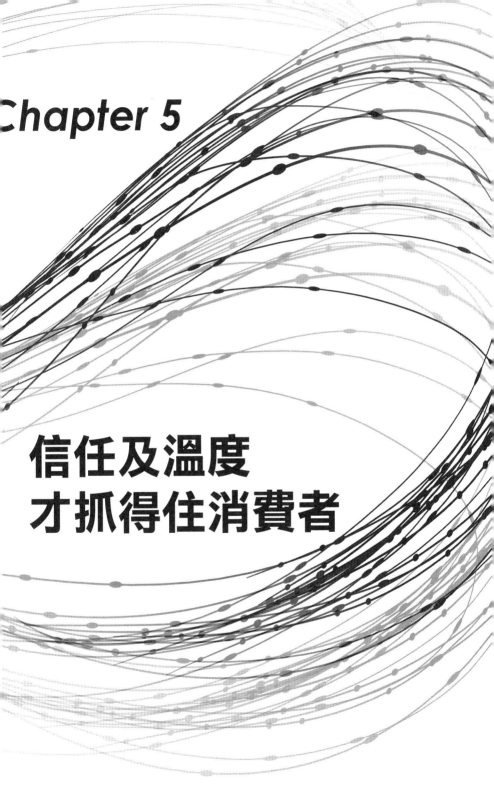

Chapter 5

信任及溫度
才抓得住消費者

▌20▌ 消費者日新月異

　　「行銷就像追女朋友」，好像是慈禧太后年代的情形，現代攏嘛講究「互動行銷」，沒有一定男生追女生。還好，誰追誰都不影響行銷的思考，以前都說行銷人要日新月異，提供更好的產品或服務給消費者，internet 時代了，消費者日新月異，行銷人若落後消費者，自然無法生存。

　　以前結婚要得到父母親 (經銷商) 的同意，還要徵詢閨中密友 (意見領袖 opinion leader) 的看法，也觀察同儕 (參考群體 reference group) 婚後的下場，以利結婚 (交易) 決策的做成。哈哈，現代通路已縮短成直銷或直營，不須經銷商滿意，現在的父母是「被體驗行銷」，不得不下單。

　　徵詢或參考閨中密友或同儕的意見？ Google 一下就有了，舉凡婚前協議、婚後節稅、如何侍奉公婆、小孩怎麼生，到尿布怎麼包、那裡買比較便宜，應有盡有。再不成，上 Yahoo 知識⁺或到論壇開個箱或在臉書瞄一下，千百個各路婉君、鄉民及部落客等馬上 7-11 拔刀相助，快速、多元，又不須抄筆記抄到手軟。

i 世代早已是 0 與 1 的產物

　　自從 internet 及各種科技工具發達以來，消費者的確不再只是消費經濟中的簡單角色，已兼具生產者或行銷人，或意見領袖或參考群體。意即以往消費者與生產者或行銷者間存有較明顯的資訊不

對等與經驗不對等，未來的消費環境，
隨著各種科技新工具的發展，資訊不對
等的差距將逐漸縮小；經驗不對等的差
距也因 C2C，漸趨淡化。

而 internet 科技新工具只有愈來愈
精進，現在的年輕族群自小即生活在
internet 環境中，說不定將來一覺醒來，
Apple 被打成汁，喝的湯只有 0 與 1 的口
感[1]。的確，internet 促使消費行為大幅
且快速變化，2010 年第一款 iPad 推出，隔年我在一場演講會上預測：
如果 iOS 不倒，不但消費行為變，生產思考、行銷邏輯都要跟著變。

滑行銷已大大興盛

那時幾位科技人還覺得是否太過「聳動」，到今天不過短短
5/6 年，滑行銷已大大興盛，而且愈滑愈烈。行銷人縱然不喜歡滑
來滑去，但也不能拒絕了解滑來滑去的消費行為，且行銷決斷要不

斷創新迎合，才不會滑倒；行銷人所運用
的行銷工具、行銷語言，甚至思考的角度
都要隨 internet 及各種科技新工具的發展
變動。

很「不幸」的是 internet 促使消費行
為變化，未來的幅度將更大、速度更快，
跟不上，就沒有明天；很「幸運」的是消
費行為變化大又快，不見得有延續性，所

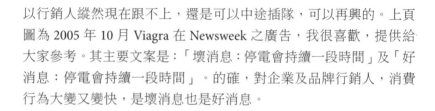

以行銷人縱然現在跟不上，還是可以中途插隊，可以再興的。上頁圖為 2005 年 10 月 Viagra 在 Newsweek 之廣告，我很喜歡，提供給大家參考。其主要文案是：「壞消息：停電會持續一段時間」及「好消息：停電會持續一段時間」。的確，對企業及品牌行銷人，消費行為大變又變快，是壞消息也是好消息。

i 世代的消費行為質變

35 歲以下的年輕消費者幾乎可說是 internet 世代，占台灣人口數已超過 40%，十年廿年後，無庸置疑的全部都是 internet 人。所以行銷人對現在及未來的 internet 世代之特性，不能不仔細推敲，何況全球人口 2025 年預估有 80 億，2045 年為 90 億，可能也絕大多數是 internet 人。

internet 世代的消費行為有以下幾個特性：

1. 決策的魄力：消費行為趨於 0 與 1，Yes or No 很直接，另言之，買對買錯先遑論，下購買決策的「魄力」很直接。
2. 決策簡潔：購買決策思考的程序大約是：有需要→上網比價，看評價→購買。很簡潔，比價、看評價的過程，亦會參考網路社群上的各項評論。
3. 粉絲症候：因購買決策思考很簡潔，故很容易受影響，「粉絲症候群」、「排隊症候群」形成「潮」。
4. 愛恨分明：容易受「潮」或「義憤」或「感動」而捧紅一品牌，也容易因受「欺騙」而捧死一品牌。最著名的案例是三姊弟布丁與頂新林鳳營鮮乳。

未來的 i 世代將更深不可測

　　未來，隨著 internet(傳輸功能) 及相關裝置 (軟硬體) 的精進與結合，未來的 internet 世代將更深不可測：

1. 以往被視為行銷「專業的產品發展、形象設計，可能漸由新的「素行銷人」取代，由於此些「素行銷人」本身就是消費者，其對消費者的感受並不亞於專業人員，或更有過之，表現出來的行銷溝通或許對縮短與消費者距離更具親和力。

2. 從 Wikipedia、Yahoo 知識＋、部落格、影音網站、論壇等等就可看出消費者樂於與人分享，未來藉與人分享與表現自我，來達成馬斯洛法則（Maslow's Law）的自我實現需求（Self-actualization needs）的心將更為強烈。

3. 由於消費者所生產的資訊愈豐富，不論關鍵字技巧如何變，消費者可能愈來愈不喜歡搜尋，或者會被自己生產的資訊淹沒。這些豐富的資訊一部份來自無償的消費者撰述，一部份來自有償的置入性寫手捉刀，資訊的公正性可能大幅降低，而影響到原本簡潔的購買決策思考程序。

4. 消費者對產品的認知可能在低資訊公正性下，變得愈來愈模糊，但比價比以前更方便、更快速，尤其是規格品。

5. 雖然對產品的認知愈來愈模糊，但因資訊愈來愈豐富，愈來愈多元，將可能促使消費者的需求愈細分化；而且社會價值趨微分化，主流非主流、文化次文化已難定論說誰比較重要。

6. 社會價值的變遷，加諸資訊愈來愈豐富，消費者可能倍感壓力，而覺得苦悶，正宗的禮義廉恥訴求可能沒市場，kuso 反而可能提升 mind share，並刺激 market share。

7. 未來 B2C 交易之付款將完全由第三方擔負，包括 O2O 的電子支付。

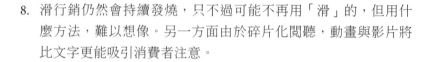

8. 滑行銷仍然會持續發燒，只不過可能不再用「滑」的，但用什
麼方法，難以想像。另一方面由於碎片化閱聽，動畫與影片將
比文字更能吸引消費者注意。

縱然不喜歡 也不能拒絕接觸

　　面對現在及未來的 internet 世代，消費者資訊、習性多元大變，
可能撼動行銷的基本盤，行銷或經營決斷者面對此變化，縱然不喜
歡，也無拒絕接觸的權利，而且不學不能活，學才能隨時翻新應變。
行銷決斷下達的速度與正確性恆在於所蒐集的資訊多寡與解讀的角
度，若下決斷的思維受慣性或喜好的制約，資訊多寡與解讀角度自
然不易跳脫到「牆外」，因而使行銷及經營成就限縮在原有的牆內，
無法藉不斷拆除舊牆，來擴充地盤。簡單說：要跳脫軌道思考。

打破思路的路徑依賴

　　internet 及相關裝置的光速發展，消費行為的微分化，社會文
化的多元百變，都已大大撼動行銷及經營的思考邏輯與決策思考。
面對快速、細微、多元的變化及新事物，縱然不喜歡，不熟悉，也
無拒絕接觸的權利，以免思考邏輯之資料庫有所偏執。行銷人要記
得「不吃豬肉 也要看過豬走路」這句話，縱然不喜歡，也不能拒絕
接觸，藉不斷接觸不斷學習，才能打破路徑依賴 (path dependence)
，才能跟得上消費者的腳步。行銷人的速度若比消費者慢，必輸，
知識若比消費者少，也必輸。

1.http://www.coloribus.com/adsarchive/prints/computer-learning-centre-for-children-digital-soup-2633255/ (葡萄牙 Futurekids，2000 年)

▎21▎ 消費者是呆子還是盤子？

　　食藥署最近稽查發現旗魚鬆誇張到未檢出旗魚成分，或檢出是鮪魚和鮭魚，我們不討論食安產品標示，而是此些不合格的產品都是著名品牌，廣受消費者喜愛，那消費者是呆子嗎？

消費者不是呆子

　　其實這種情形已很久了，管他豆腐不以豆子為材料，咖啡不是咖啡、鳳梨酥包冬瓜餡，排隊跟著買再說。因為如果消費者是精明的，那為何輸入各電腦品牌及 poor quality、bad quality 或 low quality 等關鍵字，跑出來的內容及筆數，令人心驚膽跳？各手機也有相同情形。電腦與手機是青壯消費族群每日的必需品，換成不拘男女老幼貧富官民，每日必需的衛生紙，情況亦相差不大。曾有市場調查問消費者：好的衛生紙有什麼條件？答平滑不粗糙有之，拉不破有之，答有點白又不會太白也不少。又問：購買時或使用時，有摸一摸、拉一拉及看一看，確定平滑、拉不破、不太白？眾皆啞然。

　　市場調查也曾問消費者：為什麼市售果汁或茶飲料每瓶口味及顏色都一樣？許多人都愣住，也明明都知道同一茶葉每次沖泡、口感香味及顏色會不同，每季的水果酸甜也會不同，為什麼都沒想過這問題？

消費者因信任品牌而購買

其實消費者不是呆子，是因消費者信任品牌，而對品牌產生信任感的主要原因是 (1) 受其宣傳的影響，(2) 品牌的形象可接受，(3) 消費者使用後可接受其品質，(4) 他的同儕也使用，(5) 他的同儕沒有提出這些問題。

對衛生紙技術人員，他自己要買那一品牌的衛生紙，恐怕心有定見；對電腦技術人員，要買那一品牌那一型的電腦，別人似乎也很難改變他的看法；對通訊行銷人員，手機號碼要攜往那一品牌最划算，可能他最清楚。但太多的技術專業，太多由行銷人設計的話術，絕大多數的消費者不清楚，這很正常。

消費者的「產品警覺」提高了

或許我們可以笑說：消費者對產品認識不深，像盤子一樣淺。但這並不公道，因為產品的資訊揭露本就是企業或品牌的責任。

隨著近年台灣食安問題的連環爆，對消費者是一大「產品警覺」的洗禮，消費者購買時警覺性提高了；也隨著 internet 上資訊的豐富，產品資訊愈透明，產品相關的知識也愈多，自然也對消費者產生教育的功能；何況，哪一企業或品牌做了好事、幹了壞事，都在雲端永久保存，消費者隨時可以「起底」，正應驗了一句話「人在做 天在看」，應該有警示企業或品牌必須重視產品資訊的正確性與透明度的作用。

消費者以後還會不會是盤子

經歷以上的正向環境改變，消費者確實具有比以往更精進的認識，也影響其購買行為及決策。例如一般咸認多數常在網路購物的消費者會主動蒐集商品資訊並進行比價動作，再到最低價的平台出手，也有相當多的消費者會瀏覽部落格來輔佐購買決定。看來網路意見領袖及參考群體效果似乎已顯現，消費者知識愈來愈豐富，購買時挑三揀四，貨比三家，錙銖必較。

但愈來愈豐富的知識是否等於對產品認知愈來愈精明，其實不盡然，因為網路上意見領袖及參考群體的資訊不但多到無法備載，而且互相雜沓得很厲害，尤其各路置入性寫手又環伺在側，這些置入性寫手因有組織性，所以轉傳的「病毒式」散播很廣泛，因此，在亦正亦邪的網路訊息中，多數的消費者是否能即時判斷訊息的公正性與正確性，仍有待觀察。

粉絲症候群可觀察消費者的主見

消費者以後能否脫離盤子，有一個判斷指標即是粉絲症候群(Fans Syndrome)，當粉絲症候群或排隊症候群愈不明顯，代表消費者愈有主見，也代表消費者的盤子正在變成碗公中。粉絲症候群現象類似音樂會裡，又叫又跳那一群人的從眾心理，沒有差異化的跟隨，就好像跳上樂隊花車(jumping on the bandwagon)，可以輕鬆地享受遊行中的音樂，又不用走路，以為「進入主流」。

不過，網路上起底置入性寫手身分的「正義之士」也屢見不鮮，但他們是否「正義」或是另有來頭，也很難釐清。當然，台灣網路

言論是完全自由，完全沒有阻擋發言的空間，比較讓人擔憂的是大家對網路訊息抱持「與其盡信 不如不信」的態度，因此若要消費者對產品認知愈來愈精明，只有依賴消費者自己的「產品警覺性」，同時也發揮愛恨分明的本性，藉由網路串聯，嚴懲「欺騙」消費者的品牌。所以，消費者對產品的認知精明度，應還需時日才能較明朗。

誰能影響消費者的購買決策

不管未來消費者對產品等之認識深不深，他的同儕或是網路意見仍會影響消費者的購買決策，然而，對消費者影響最大的仍非企業或品牌莫屬，亦即企業或品牌給消費者的信任感愈高，對消費者的購買決策的正向影響也愈大。

連續度過數次食安風爆的義美食品，被網友暱稱為「食品界最後良心」、「食品界模範生」，網友還號召大家購買義美食品，義美也公開感謝「婉君」的支持，甚至桃園市政府衛生局稽查出義美不止過期品沒銷毀，還出現未來食品，但仍有不少網友留言表示支持，表示將「繼續用新台幣讓義美下架」，不過，也有網友質疑，義美態度都是「千錯萬錯都是別人的錯」。

品牌贏得消費者信任的重點在 CSR

義美的情況或許是企業受到信任一種反映，以往我們講「童叟無欺」，在未來，這是再基本不過的條件，CSR（企業社會責任 Corporate Social Responsibility）才是贏得消費者信任的重點，舉凡社會公益、社群關懷、緊急救護等等，不但要持續做，更要號召社

會大眾來參與。

台積電平時就很重視 CSR，尤以高雄氣爆之救災行動聞名，半個月就趕工完成 70%。效率讓人感動，在修復過程，台積電人員對受災戶的同理心，大家默默埋頭拼命，沒有人抬頭訴說台積電如何盡心盡力。因為社會參與，企業員工自會有不同凝聚與成就感，員工如此，消費者亦如此，消費者對企業的信任自然就凝聚起來。

企業藉由宣傳來建立消費者可接受的品牌形象，當然有利消費者信任的建立，但這只是消費者信任的表象，消費者經使用產品並可接受其品質，才能達到真正的消費者信任，也就是還要有企業與消費者間的體驗與互動，在 CSR 上也一樣，號召更多社會大眾來參與，讓更多人有體驗有互動。我個人較建議的 CSR 是企業出錢出力去做 (和現在一樣)，但要把理念散播出去，感染更多人共同參與 (不出錢不出力或出點小錢出些小力)，有成就時，把功勞全部給參與的人，企業不居功。

有興趣的企業無妨試試，你就會發現當站在第一線和參與的人一起時，就會被他們眼中散發的光芒感動。你也會發現愈來愈多的人，或是說愈來愈多的消費者圍繞著你的品牌。

有福氣的人才會關心別人

「關心別人的人有福了」，這是我們在路邊常看到助人為善的標語，這種善有善報的觀念存在我們的腦海已經很久了。關心別人種善因，得到福氣的善果。我的看法是「有福氣的人關心別人」，人要自認有福氣，不必要談因果。CSR 就是這個意思。

我有很多朋友常透過各縣市社會局，取得一些需要救助的資料，並向里長確認實情後，以現金袋直接寄款，有時也會送些必需品。他們常說：五百元一千元對我們可能沒什麼了不起，但對某些家庭可能很重要。幾十年下來，到底有多少家庭收到，他們不說，但有些從幼兒園資助到已大學畢業。

五百元一千元高貴的行為

這些朋友雖然都有虔誠的宗教信仰，但都不喜歡談因果，他們認為要關心別人就去做，若認為做了就會有福報，就不要做。他們開玩笑說：拿五百元一千元去關心別人，就會有福報，這也未免太便宜。他們一致的態度是自認自己是有福氣的人，不是不能關心人的衰星。自己有能力節省出五百元一千元，比起困苦到連五百元一千元都沒有的人，難道不是有福氣。五百元一千元相對於企業幾千萬元的 CSR，不但一點都不遜色，而且高貴許多。

的確，這是自我認知的態度問題，一如邱吉爾所謂：態度是可以促成大變化的小事 (Attitude is a little thing that makes a big difference.)。這些朋友，當他們工作遇到瓶頸或有什麼難過時，常會找資料，立刻把錢寄出去。很奇怪的，原來不好的心情在寄出去那一剎那，立刻轉換成愉悦，再回頭看那些瓶頸或難過，好像並不那麼令人沮喪。CSR，去做就對了，管他善不善報，管他消費者是否因此更信任你。

沒有人能影響消費者的購買決策，除非是受消費者信任的人，尤其是網路行銷。

|22| 未來消費者的長相

竹外桃花三兩枝，春江水暖鴨先知。未來消費者的長相如何，去找算命的或許也沒有答案。不過由一些品牌的訴求，或許有助於我們的冥想。

如果外面下雨 蝴蝶會往哪裡躲

心理行為指以心理狀態、人格特質、意識形態，情境等及其反映出的行為，近來被大幅採用為市場區隔變數，來區分消費群體。

台灣最早採心理行為變數區隔市場，一般認為是在 1980 年左右，當時司迪麥以新品牌之姿，藉著學生 (第一層區隔變數) 受考試等壓抑 (第二層變數) 之心理訴求，推出桔色司迪麥之《請問部長》[1]，震撼由箭牌領先之口香糖市場。司迪麥的創意，在當時威權教條環境下，被視為叛逆，其實由桔色司迪麥「請問部長」的對話，可以發現其提供年輕學生在威權教條下的發洩解決方案。仔細品味其對話，與風靡 1990 年代的腦筋急轉彎實有異曲同工之妙。

腦筋急轉彎不是正經八百的道德問題，也不是要取得嚴肅的科學結論，是發散性思考的典範，也是創意與娛樂結合的產物。有人認為是對收斂性思考的挑戰，例如有一國際雜誌曾出了一個問題，去請教很多諾貝爾獎得主，結果得到一堆很無趣的答案，專欄名為「名人現醜」，題目是：如果外面下雨，蝴蝶會往哪裡躲？目前網路上還有腦筋急轉彎大全，有興趣可上網搜尋，上去笑一笑。

心理苦悶的解決方案

　　由於思想開放，或公關技巧作
崇，或網路的普及，粉絲症候群愈來
愈明顯，使行銷人在運作以心理行為
因素引導消費心理上，更得心應手。
而不同威權教條所造成的心理鬱悶，
卻隨社會的複雜化與日俱增，年輕學
生考試壓力依然存在，職場新鮮人求
職及初體驗的痛苦，不敢結婚的苦悶
等等。

　　2002 年的萬泰銀行《George & Mary 現金卡》[2] 就是提供年輕人
金錢苦悶的一種解脫。George & Mary 是台灣第一張現金卡，由萬
泰銀行 (凱基銀行前身) 於 1999 年首次發行，取 George 諧音為臺
灣話「借錢」，而 Mary 諧音為台語「便利」，George & Mary 有借
錢便利之意，一般叫做借錢免利。

　　消費者有心理鬱悶，就好像運用恐懼性訴求一樣，一定要給
消費者答案，其實這答案就是你要行銷的產品，如上之 le chef chez
vous 巧克力[3]，很形而上，訴求 Sex Replacer，意即與其做愛，不如
吃一粒 le chef chez vous 巧克力，提供想做愛而心理苦悶的解決方
案。

若覺得奇怪，就是你很奇怪

其他如 Lynx 男用沐浴乳 Wash me[4]，讓你有幻想與女生一齊洗澡的感覺，下左圖；Levi's 小孩服飾訴求小怪物大想像 (Little monsters with big imaginations)[5]，有「吞世代」（Tweens）的影子，下中圖；Converse 球鞋的超現實主義[6]，下右圖，也有一點粉紅戀物癖的感覺。

人不輕狂枉少年

「年少輕狂」似乎也是威權教條下，上對下、老對少的負面字眼，年少者的思想、行為不被上位者喜好接受，很大部份是年少者沒有在上位者習慣之框架內思考、動作，並不一定錯或不穩重。和前揭司迪麥口香糖相輝映，2010 年，Diesel 服飾為「人不輕狂枉少年」下了很詳盡的註解，也提供與上述 le chef chez vous 巧克力等形而上思考不同的心理行為變數之市場區隔方式。

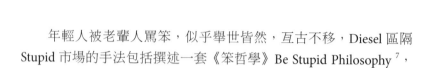

年輕人被老輩人罵笨，似乎舉世皆然，亙古不移，Diesel 區隔 Stupid 市場的手法包括撰述一套《笨哲學》Be Stupid Philosophy [7]，並將各種可能會被罵笨的年輕人行為列出，同時賦予一句短辭。

這種做法比較不形而上，比較貼近消費者。也或許可以說形而上的訴求比較是發散性思考，由消費者自己想；Diesel 比較是收斂性思考，歸納出 15 個短辭，可能不比消費者自己想的少，意即 Diesel 比較兼具發散性與收斂性思考。

Diesel 服飾的笨哲學

Diesel 歸納出 15 則短辭，如下頁，並將 15 則短辭以各種 Stupid 行為圖示 [8]（不只 15 個行為圖示，有興趣可上網搜尋，約有 30 餘張），每一則都很事實，每一短辭也都很有腦筋急轉彎的創意興味；尤其是 Stupid 與 Smart 的對比，很容易會形成年輕人口耳相傳的流行語。

2016 夏都春宴裸身逛大街？

媒體報導「寒風中竟然有人裸身逛大街？」及臉書粉絲團「On the BEACH」分享一張男男女女「脫光衣服」在墾丁大街趴趴走的照片以及影片，並留言「沒想到墾丁這麼開放 ...」。其實這群人不是光溜溜的，女生身上有穿著肉色的小可愛與短褲，而男子也穿著肉色短褲，原來他們是為了宣傳在墾丁夏都酒店的 2016 春宴演唱會。

　　或許你對上述所舉的實例覺得怪裡怪氣，什麼心理苦悶、小怪物大想像、粉紅戀物癖、Be Stupid，都是異類，都是頹廢，都不合乎社會可接受的價值。或許這種看法有理。但 internet 使資訊愈來愈豐富，愈來愈多元，社會價值自然愈趨微分化，已很難區分什麼是主流，什麼是非主流，主流和非主流也很難有明確定義，文化與次文化亦然。

　　從對年輕人的訴求女生想做愛而心理苦悶、男生幻想與女生一齊洗澡、女生的戀物癖、男女生的 Be Stupid，到小孩子的小怪物大想像，春江水暖鴨先知，在在均顯現出其已事實存在於現在的消費者，未來更可能是有過之無不及。禮義廉恥，看來還是五蘊皆空。

---

1. https://www.youtube.com/watch?v=U_SI6z8hOCc

2. https://www.youtube.com/watch?v=evgXzvqNUYs

3. 2006 年，http://sandeepmakam.blogspot.com/2006/08/le-chef-chez-vous.html

4. 2004 年，澳洲 http://www.coloribus.com/adsarchive/prints/lynx-shower-gel-dirty-girl-6509905/

5. 2010 年，新加坡 http://www.coloribus.com/adsarchive/prints/levis-kids-pink-batula-13940755/

6. 2007 年，波蘭 http://www.theadmad.com/?cat=4&paged=31

7. https://www.youtube.com/watch?v=Y4h8uOUConE

8. http://theinspirationroom.com/daily/2010/diesel-be-stupid/

|23| 信任是消費者的第一選擇

　　法國航空 2002 年通過嚴格的 SGS Qualicert 服務驗證後，訴求要做消費者的第一選擇[1]。要成為消費者指名購買的第一名，滿足實體與心理利益外，以服務去除購後焦慮 (post-purchase anxiety) 更是不二法門。

消費者信任度降低購後焦慮

　　除非是已經有很多參考群體的規格品，否則連到零售店挑選購買，消費者或多或少都會擔心實體利益與期望上有落差，此種心理稱為購後焦慮。購後焦慮的存在，極有可能造成延後購買，甚且轉換品牌。

　　一般而言，單價愈高或產品愈複雜者，產生購後焦慮的機會就愈大。不過，一旦前述我們提到的消費者信任度建立，再購之購後焦慮會減少，轉換品牌的機會也降低。

消費者信任才會安心

　　消費者並不會理性到完全去除購後焦慮，才下達購買決策，並採取購買行動。大部份的狀況是在半信半疑下，就進行購買。行銷

人要降低消費者的購後焦慮，提升服務的品質絕對是第一要務，從售前到售後，不論是廣告、與消費者接觸、售後客訴處理及產品維修，都要讓消費者安心。

右之 VW 使用其 Think Small 廣告的原始創意，訴求 1959 年的輪胎還有供應[2]。1959 年的輪胎並非 VW 本意，而是告要訴消費者其之零件充足，連 50 年前的都還在，買 VW 新車也不用擔心未來的維修，確是消除購後焦慮的好訴求。

提升消費者信任度的服務策略

行銷常用的推拉策略，但推拉能否形成良性循環，推與拉連接點之環境與人員是否有教養是重點。教養不是指道德方面，而是養成良好習慣，並維持與執行。零售環境與人員沒有客戶同理心 (customer empathy)，環境就不友善，人員也不親切，自不能消除購後焦慮，讓消費者安心，也無法讓消費者覺得會買到有價值的產品，更不容易達成提高附加價值的行銷目的。

提升服務品質近來廣受企業界重視，逐漸將心理利益滿足及實體利益滿足之訴求，藉由零售環境與人員之情境來表現，並讓消費者實際體驗。亦即以往強調產品了不起，用起來身份地位高一截，是透過廣告，嘴巴說說；現在則強調在零售點讓消費者確認產品真的了不起，用起來身份地位的確高一截。在台灣，中華電信、華南

銀行等不但在服務品質上有所著力，且均通過國際驗證。

有教養的服務始於同理心

由很多知名品牌[3]紛紛以服務導向設計人員訓練、業務策略、品牌精神、服務承諾等，可看出行銷人重視零售情境在推拉連接點的程度。各企業之服務策略雖有不同，但皆始於同理心，例如 T-Mobile 行動電話主管必須定期在零售店工作，直接接觸消費者。美國 USAA(United Services Automobile Association) 金融控股，旗下以軍人家庭保險為主業務之新進人員訓練，必須體驗軍人生活，戴鋼盔、吃乾糧、讀駐伊美軍家書。四季旅館 (Four Seasons) 之移情訓練 (empathy training，即同理心訓練) 是員工免費住宿，以客戶的角度找出服務的不周到及應可增加的服務。Cabela's 戶外用品連鎖店之人員訓練方式為員工皆可免費借用任何產品二個月，只要寫產品使用經驗報告，並在網站上與其他同事分享。

美國西南航空在登機門貼上紅、黃、綠磁卡，表示其需要支援的程度。晶華飯店的主管要扮演客人，走出後場，80% 時間留在現場。四季旅館每店設「客戶歷史人」(guest historian) 追蹤客戶偏好。Cadillac 汽車保固期過後不久的免費維修，由經銷商決定。Amica 保險強調經常性的關心，視客戶如家人，在颱風前打電話給客戶。馬偕醫院的服務人員遇有客戶沒帶錢或清寒無法付，在 1,000 元以內，醫院授權一線服務人員直接處理，不須層層上報。

有教養的服務不是嘴上說說

Starbucks 一般咸認相當具零售情境的咖啡店，在 85℃ 一杯咖

啡 50 元，7-11 的 City cafe 35 元環伺下，Starbucks 的 100 元還能挺住，應與其重視服務導向有很大關係。其主管須親自煮咖啡，並發想有創意的《星巴克經驗》[4]，如咖啡有點酸，適合早餐，有鬧中取靜的感覺；水果香，有想家的感覺。若客人覺得不好喝，要求換一杯，服務人員一定 Yes；客人覺得太好喝，換一杯，也 Yes；將心比心，Just Say Yes 的氛圍令人感動。有時在店內還可聽到爵士音調複誦客人的點餐，鼓舞氣氛，也創造感動。這一切都源於其服務承諾 Daily Inspiration，期望消費者每天在 Starbucks 都享受到鼓舞及啟發；也都是在落實其 Human Connection 的品牌精神，人與人互動，互相鼓舞，激發靈感。

除了實際落實服務教養於人員訓練、業務策略外，許多企業亦紛紛推出服務訴求，例如美國 Macy's 百貨的《magic Macy's》[5]，藉由取貨給消費者，將 Macy's 的後勤作業展現出來，類似餐廳採開放式廚房，藉此讓消費者更清楚所購產品之管理情境，鞏固購買的安心，演出的卡司包括可能的總統川普、潔西卡辛普森、珍妮佛羅佩茲等，很吸睛。另如英國 Virgin 電信的《Toilet service》[6]，保證你看了不敢上廁所、紐西蘭航空的《Nothing to hide》[7]，服務訴求有點爆笑，但你一定會很想搭紐西蘭航空。

有教養的服務要用客戶的語言

有人說：專業就是用對方聽得懂的話去告訴他不懂的事情[8]，並記載了他去蘋果電腦經銷商做神秘客稽核，看到一對母女向店員詢問使用上問題的情境：

媽媽：您好，我的電腦用蘋果系統開機時，聽音樂有聲音，但切換到 Windows 時，就沒有聲音了，該怎麼處理？

店員：哦，因為 Driver 啊！

媽媽：那該怎麼做呢？

店員：很簡單啊！把 Driver install 就好了！

媽媽：哦 ... 哦 ...

媽媽問不下去了，女兒想說這樣問題沒有解決，所以又補了一個問題：那我們該怎麼 install 呢？

店員：我們每台 Mac 都有 bundle 的 system disc，你丟進 CD-ROM 就會 auto-run 了！

這店員的技術專業沒問題，但溝通專業問題很大，他使用了過多客戶聽不懂的字眼，又沒查覺客戶聽不懂，逕以自己的語言侃侃而談，結果當然母女兩個人一起轉頭走掉了，客戶的問題沒解決，尤其是讓客戶覺得無趣。沒辦法溝通，生意做不成事小，品牌給人的信任度就減低了。這家企業在做技術專業訓練大概也是用這些字眼，與其說這位店員沒有被良好訓練，不如說這家企業的管理階層在安排訓練時，完全沒有消費者導向 (consumer oriented) 的概念。

沒有人比電梯小姐更有教養

不久之前，有位女網友在 ptt 上問[9]：「小妹 20 歲，大學休學中，前一陣子應徵上百貨電梯小姐工作，受訓期過後正式上工一切都很適應。待遇部分月休 10 天，薪水 26K，自己很喜歡這工作，想做長久，正在考慮不要回去念大學了。但是家人都覺得這不是很受人敬重的職業，每天都要不停鞠躬，遇到客人爆走我們也是第一線處理，所以希望我繼續升學，以後再找更好的工作。」由於自己與家人意見相左，因此想詢問其他網友意見。

網友意見大多是叫她辭，「電梯小姐愈來愈少，不景氣可能被裁掉」、「這份工作做不久，老了就沒人要」、「短期做個過渡應該很 OK，長期就要想想自己的競爭力在哪？」、「問空姐就算了，竟然問電梯小姐」、「居然想把電梯小姐當成長期職業，看來妳是已經澈底放棄自己的人生了」、「你會問這種問題，就知道你應該再回去多讀點書」、「因為別的做電梯小姐的人，應該幾乎都知道這工作沒前景」等等，酸到不行。

幾乎所有人都勸她快回學校唸書，但有網友跳出來反駁「不是每一個人都需要會念書好嗎！不喜歡念書出來找份工作，接受社會大學的洗禮，並沒有什麼不好，不懂為什麼都叫她回去念書。」

有教養才能有價值

好一句「社會大學的洗禮」，如果有人把電梯小姐看成每天不停鞠躬，又厭惡第一線處理客人爆走，我的看法是不要去當電梯小姐，因為會做不好這項工作。很少有工作像電梯小姐這麼特殊：(1) 每位來店的客人都要與你照面，(2) 你可以看到聽到每位客人來店爽或不爽的表情與言語，(3) 你可以常聽到客人向你說謝謝，(4) 偶爾客人有訐譙，你在第一線有立即處理的機會。

有機會不去做，就無法學習或做出價值。這讓我想起一段流連於東京銀座後街小酒館的往事，酒館店長向我說：廁所清潔他親自處理，因廁所是每位客人都會去的地方，太重要了，所以由他親手清潔，務使每一客人都滿意；至於餐桌清潔由店員處理即可，因客人只坐一張桌子。我把這事告訴那時 7-11 的總經理，他往後每年都帶著 7-11 高階主管在台北市清掃廁所。

工作的價值，自己創造，創造的價值有高低，但工作無尊卑。
放開思考的軌道，才能跑得遠。Just Do It ！

1.2002 年 10 月 New York Times, Washington Post.

2.2009 年，德國 http://www.coloribus.com/adsarchive/prints/volkswagen-car-parts-think-small-13501805/

3. 資料來自 2007 年 BusinessWeek 之 Customer Service Elite，2007 年 Fortune 之 100 Best Companies to Work for，2004 年 Business Ethics 之 100 Best Corporate Citizens，2006 年遠見雜誌調查。

4.https://www.youtube.com/watch?v=xOFSHj2Zb-w

5.https://www.youtube.com/watch?v=Ihb_gNxfduo

6.https://www.youtube.com/watch?v=QkyNtvNz3DQ

7.https://www.youtube.com/watch?v=kEsZColk23g

8.http://www.managertoday.com.tw/columns/view/50179

9.http://www.appledaily.com.tw/realtimenews/article/new/20151203/745421/

|24| 不要讓消費者傷心

不論是 Starbucks 之 Just Say Yes，或是馬偕醫院授權一線服務人員處理 1,000 元以內的客戶不便，都是服務的高級境界：不讓消費者傷心。尤其是婉君來自各地，有些專業知識不見得差，所以行銷人要強化知識經濟，不能呼攏消費者。

不讓消費者傷心才有信任

或許有人會以為不讓消費者傷心，可能會讓公司傷財，的確可能，但是不是也可能拋磚引玉。有家台北市的咖啡連鎖店在門口公告「借用廁所 30 元」，原因是附近遊民常常隨意進入使用，造成管理上的困擾，但卻引起一些可能是客戶的路人不滿。其實 30 元應不是店長本意，30 元對店經營也不會有任何貢獻，何苦談錢傷感情，因而丟了形象呢？「為尊重本店客戶權益，借用廁所請經服務人員同意」，不是更順一點嗎？

不讓消費者傷心的原則不僅運用在客戶服務，在行銷策略上亦然，不能讓已購的消費者覺得不受尊重。

這不是恁爸的老車

2004 年退出市場的通用 Oldsmobile，是個百年老品牌，在

1988 年推出上頁圖之新款 Cutlass Supreme 時，設定年輕人為主要目標市場，大力訴求 This is not your father's Oldsmobile[1]，引起右舊款 Cutlass Supreme[2] 消費者反彈，認為 Oldsmobile 把他們當成老人或落伍的。其實原始的文案創意是 This is not your father's Oldsmobile⋯This is the new generation of Olds[3]，重點置於 generation，不幸的是創意被斷章取義，二方面請來代言《new generation》[4] 的 William Shatner 父女卻像男女朋友，抹殺了新舊產品

傳承的原意，以致傷了消費者的心，也傷害對 Oldsmobile 百年歷史的忠誠度。

把傷心化成感動

　　荷蘭 Bavaria 啤酒 2006 年推出一款 Red Bavaria 8.6 限量版，因限期只賣 60 天，擔心消費者買不到而傷心，還特別用心的製作一支名為《Happiness doesn't last forever》[5] 的廣告，感動了一堆人。

　　那支廣告描述一對男女分手，男生終日鬱鬱不樂，在公園遇到一條流浪狗跟他回家，男生與狗相依，生活變得彩色，從此過著幸福快樂的日子。片尾是狗在路上被車撞死了。幸福不持久，意喻只賣 60 天，不買以後沒機會了。

Bavaria 也有凶悍的一面

將近 300 年歷史的 Bavaria，在 2010 年南非世界盃荷蘭對丹麥比賽，也演了一齣有活力也很有創意的伏擊式行銷 (ambush marketing)，36 位穿著鮮橙色短窄裙的荷蘭辣妹群集看台，雖然也沒有穿得特別少，臉上也沒有畫奇怪的東西，衣服上甚至沒有印任何的 logo[6]，不過，吸睛百分之百，好幾台攝影機很認真的捕抓鏡頭，也馬上發出即時新聞。

雖然辣妹身上沒有 logo，警察還是馬上來到現場，將她們全部趕出去，而且還直接逮捕其中兩位帶頭的辣妹。有趣的是，Bavaria 一邊幫辣妹打官司，一邊也省下極大的廣告費用，或許這正是 Bavaria 最希望的，因為趕出去、逮捕，就馬上變成了當天世界盃的頭條新聞，Bavaria 啤酒從「默默無聞」，瞬間躍升為知名品牌。

走入客訴擁抱客訴人

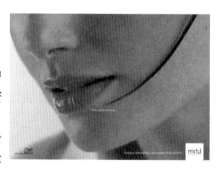

消費者有客訴代表他心中有不滿意，是最需要有人「安慰」他或還其「公道」的時候，向我們「訴苦」代表消費者對我們還有信心。行銷最怕是客戶不爽，拍拍屁股走人，不留一片雲彩，這樣失去一名客戶事小，不知客戶不爽的理由，我們可能重蹈覆轍，又失去另一客戶。

客訴處理是進可攻退可守的低成本行銷策略，很多品牌都設有客訴專線，可是大部份只是聊備一格，真是可惜。有些雖然重視，

但處理態度讓人感覺有些衙門，似乎還是存有最好不要來囉嗦的影子。義大利葳娜 Wella 頭髮產品特別以 call center 為訴求[7]，開放心胸歡迎客戶來電，巧妙的將頭髮設計成麥克風，如上頁圖。

你一定要是客訴人的百分之百

台南 0206 大地震，死傷慘重，賴清德市長天天在現場坐鎮指揮，雖然他沒辦法下去挖土救人，但他幾乎不眠不休的在現場與災民共苦，也雖偶有災民抱怨指責，但多數災民多數民意均給賴市長極高評價，我想主因無他，賴市長以 100% 的同理心在災民最需要他的時候，100% 的與災民一起。

這就是處理客訴的典範，企業高層主管宜要思考的是既然客訴處理已是行銷或服務或品牌形象不可或缺的一環，何不乾脆「走入」客訴，並擁抱客訴人，不要聞客訴色變，100% 的同理心，100% 的與客訴人一起。。

不論客訴量多寡，從「真心感謝」客訴中，可以獲得不少產品、服務等之改良意見，作為縮短與消費者距離的參考，說不定也會有未來策略的發想，對守穩消費者的實質利益有相當不錯的貢獻，只要行銷人走入客訴，擁抱客訴人。

處理客訴就是互動行銷

假如行銷人把客訴當成互動行銷的一環，在與客訴人對談中，若誠懇的態度能感染到客訴人，客訴人被收納為參考群體一份子的可能性也愈高，這是行銷烏龜的經驗。同時，亦可考量深一步將客

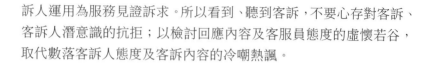

訴人運用為服務見證訴求。所以看到、聽到客訴，不要心存對客訴、客訴人潛意識的抗拒；以檢討回應內容及客服員態度的虛懷若谷，取代數落客訴人態度及客訴內容的冷嘲熱諷。

美國 Cabela's 戶外用品連鎖店之客戶意見是由副董事長每天早上親自批閱，圈出要回報的問題，並親手交給相關部門；當副董事長把客訴擺在某人的桌上，該人就得小心工作可能不保。而為讓公司內各部門都能親自感受消費者的聲音，全部資深主管必須參加 call review 月會，親耳聽客訴錄音[8]，內容也包括客服員的回應。Cabela's 的作法或許可供行銷人做為經營 call center 的參考。

客戶滿意度管理和前揭客訴處理，有異曲同工之行銷效益，兩者並不重疊，前者是企業主動，後者是企業被動。真的用心做客戶滿意度管理之企業，偏向於「精耕」客戶的概念，藉此建立忠誠度，並發酵出花車效應；另一重點為得以藉客戶滿意調查之互動性，來掌握消費者變動，有助目標市場的調整。對很多已印製公式化客戶

意見卡之企業，我的經驗是無妨運用一下知識與智慧，以差不多的費用，有些變化，縱使加個唇印也行[9]，讓客戶覺得更窩心，幫你填也較甘願。雖然是 internet 時代，這方面，我還是建議用

紙本，比較有厚度的實體感覺。

---

1. http://encyclopedia.classicoldsmobile.com/gallery/ads/89supreme.jpg

2. 1970 年，http://encyclopedia.classicoldsmobile.com/gallery/ads/70cutlass.jpg

3. http://godsofadvertising.wordpress.com/2008/10/14/this-is-not-your-fathers-oldsmobile-how-a-portfolio-tarnishing-piece-of-creative-changed-our-culture-forever/

4. 1988 年，https://www.youtube.com/watch?v=2oUr2CHiHyc

5. 2006 年，https://www.youtube.com/watch?v=C0GkHtERUjA

6. http://www.creativeguerrillamarketing.com/guerrilla-marketing/guerrilla-and-fifa-and-so-on/

7. 2005 年，http://www.coloribus.com/adsarchive/prints/art-hair-studio-call-centre- microphone-7357255/

8. 2007 年 BusinessWeek 之 Customer Service Elite，http://www.businessweek.com/pdf/270529bwEprint.pdf

9. 2010 年巴西 Sandra Martins Makeup，http://www.coloribus.com/adsarchive/directmarketing-design/sandra-martins-makeup-business-card-13876005/

|25| 沒有溫度 行銷變得有氣無力

最近，連續多次駐足台北市重慶北路新圓環與台南市海安路商圈，心中突然湧起千層浪，一個成功改建的新圓環竟然門可羅雀，而改造失敗的海安路卻成了炙手可熱的繁華街區。是產品、價格、推廣、經營能力 ... 等的差異嗎？不是，是新圓環缺乏溫度的元素，海安路街區則盛著滿滿的溫度。

行銷就是要給消費者溫度

就是要給消費者溫度，否則就不是行銷。一個業務員推銷產品，若不能給人感受到推銷的溫度，推銷就不會成功。政府推動一項政策，若不能給人感受到推動的溫度，政策就不會受歡迎。開一家店賣東西，不能給來客有溫度的感受，店的生意就不會好。一個品牌，若不能給相關的人有感的溫度，品牌就不會有形象。

溫度是什麼？舊圓環就立地條件、賣場環境等商業經營條件而言，根本無法與新圓環相比，但為何新圓環經營沒有起色。原因即在於新圓環丟掉舊圓環的味道，也未形塑出新圓環的新味道，用一句現代的流行語就叫沒有 fu 沒有梗，也就是說新圓環沒有溫度。

用溫度串聯消費者的期待

產品品質要好、人員服務要到位、價格要公道合理、話術要專業 ... 等等一直是行銷實務的重點，不論在那一需求階層 (hierarchy of needs) 的競爭市場裡。但當消費者普遍脫離生理及安全需求時，這些重點也必須跟著提高層次。

提高層次並不是說品質要更好、服務要更到位、價格要更公道，這些重點要同時存在，可能不太合乎經營原則，也是欠缺邏輯的。然無可諱言的，消費者是如此期待的。為使消費者的這種期待合理化，讓消費者覺得好品質、好服務、好價格是並存的，有 fu 有梗有溫度成為串聯消費者期待的重要元素。串聯後，要給消費者的溫度有：產品（包括價格、促銷等）的溫度、店格（不論實體或虛擬）的溫度、人員（不論面對面接觸或雲端接觸）的溫度及話題的溫度。

中小企業容易造就人氣品牌

在 internet 快速發展下，許多中小企業，甚至微型商業藉勢展現其溫度，而變成人氣店或人氣品牌，或許其市場佔有率不足以威脅連鎖店或大品牌，然在投資報酬或經營績效上，恐怕連鎖店或大品牌會瞠乎其後。

或許連鎖店或大品牌有其大資源可用，可以藉量大的低成本策略或大量的廣告或精緻的形象塑造來維繫其競爭優勢，但此些競爭優勢若未來連接至業務人員與消費者的接觸，並讓消費者感受到，其行銷及經營也可能變得有氣無力。許多連鎖店或大品牌亦體會到此危機，但在規範與消費者接觸的溫度又流於標準化或規格化，致溫度的展現也噴發不出來。

溫度的展現，本就較形而上，又是消費者的感受，難有客觀的

量化指標，但重點是「去做就對了」。任何業務員、商店、品牌、企業或政府，在產品、店格、人員或話題上，是不是以消費者的想像、消費者的感受，在標準化或規格化之上，設計新的 fu、新的梗，而且與消費者面對面或在雲端接觸的人員也都以飽飽的溫度去接觸消費者，那「就對了」。

沒溫度 連手機都唾棄

internet 人喜歡談 C/P 值，雖說 C/P 值高低很難有持平的判斷，但似乎有一共同標準，即是消費時有無拿出手機拍照，照得愈多表示 C/P 值愈高 (低)。現代人吃喝玩樂，覺得賞心悅目，就卡擦，愈賞心悅目，卡擦就不停，卡擦完就上傳，所以 C/P 值高就是人吃東西，手機也一齊吃，只花一份的費用。因此，很多餐廳或消費場所對打卡的來客都有優惠，就是要塑造 C/P 值高的形象。當然，若消費者覺得很爛，C/P 值超低，手機也會出來，不過是一齊咬。

台北 200 元芒果冰要排隊，台南 70 元薏仁湯也高朋滿座，幾片小黃瓜配三層的薄片晾衣也不便宜，共同處是手機也能一齊吃。

手機也能一齊吃

不論是經營一個品牌或一家店，在品牌或店格上，要常有讓消費者覺得有味道的話題，要有可以向消費者講的故事；在客戶服務方面，接觸消費者的人之動作要讓人有感，讓消費者有專業的信任感；在品牌或店格上，要提供多元的產品相關資訊，並做產品差異化讓消費者感受到高 C/P 值。這就是溫度行銷的三項溫度，依序為環境的溫度、人員的溫度、產品的溫度。

　　一個沒溫度的品牌或一家沒溫度的店，在一般的競爭市場裡都很難生存，何況是連手機都要能一齊吃的 internet 時代。現在連政府單位都會講究服務，不管是真心或做表面，總是已查覺到要給人民有感，可見溫度的重要。

很有溫度的 Chun 純薏仁

　　台南市有家薏仁湯店，店名叫「Chun 純薏仁」就設在西門市場內，店內沒有特殊的裝潢與器具，從網路上有人這樣寫，並拍了照片，讓人不得不相信有溫度就是不一樣，在台南到處可見一碗 30-40 元的薏仁湯，「Chun 純薏仁」可賣到 70 元，還常常座無虛席。這位網友是這樣寫的[1]（有稍加調整）：

　　古老又接近凋零的老地方，開始冒出一支支鮮嫩的枝芽，這是在台南這個老城市中如今經常出現的景象，新的充滿驚喜、老的又充滿著厚度，令人再三回味。

新店加入老故事

　　「Chun 純薏仁」位於老台南都知道的大菜市（西門市場）中，這兒原本是間很好吃的「無名羊肉」，可後來不知怎就停業了，如今，這個令人懷念的老地方又重新有了新生命。

　　憑著過去的印象，店裡似乎還保留了不少往日的模樣，充滿歷史的老灶檯、老竹椅、老味道 ... 。店裡的老砧板變身成老時鐘，而那支天天在鍋裡燙著羊肉的杓子，已然是無名羊肉的靈魂，也被完整謹慎的保留下來，充滿歷史感、充滿人情味。

單一產品也能有溫度

一聽口音就知道店主人肯定長時間待在國外,在國外多年的他,毅然帶著老婆回到台南這個老城市賣起薏仁湯,就只因為這裡是他的故鄉,他想回家。他選在這樣老舊的市場中做起生意,只是希望可以多為下一代留下些回憶。

有著國外學歷的他回到故鄉,在這裡點上一盞燈,希望透過這樣,能讓老市場可以冒出更多的新芽,帶著溫度重生,就只賣著一款「一保堂・白玉紅豆薏仁」70 元一份,沒得選擇,只分冷熱。

老闆娘叫純純,店名也就是老闆娘的名字,當她親切的端上這份漂亮甜點時,還不忘提醒著建議的吃法:先嚐幾口溫潤的薏仁,再把一旁的湯圓倒進去...。兩種顏色的湯圓,搭配著原木色的小碗,一整個超有味道,抹茶粉來自日本京都老店一保堂,不過不知道是刻意還是無意,這兒的抹茶湯圓帶著淡淡的抹茶香,卻沒有抹茶的苦。

我的實際體驗

我不認識愛評網這名作者,但他的內容和我實際體驗一樣。他的描述非常有故事性,很有店格的溫度,環境及設備就是簡單乾淨,不過讓人感到特殊的是 (1) 用水管當電燈走線管,(2) 老砧板變身成老時鐘,(3) 竹編羊肉燙肉杓被完整謹慎的保留下來,如下頁圖。那枝傳自「無名羊肉」老婆婆的燙肉杓與薏仁湯完全不搭嘎,陳列在店裡本就很有話題性,一枝竹編已破損用綿線拉補的燙肉杓和訂製的玻璃框明顯不相稱,也很有話題性。店主人說:燙羊肉一

定要用竹編燙肉杓，若改用鋁質燙肉杓，離水後羊肉的溫度就受鋁質影響而降溫，口感就差了，他就是要傳承「無名羊肉」老婆婆對品質的堅持。

題外話：台灣有很多叫「無名」的店，都是因產品有溫度有水準，又沒有店名，因消費者才稱呼其為無名，久而久之，約定成俗。如嘉義也有一家無名米糕、板橋的無名便當店、台中無名水煎包等等。

專注的工作眼神散發出無限溫度

「Chun 純薏仁」人的溫度和產品的溫度也很淋漓盡致，產品只有一種，沒得選擇，打破一般要多樣產品的產品策略。產品的製程很簡單，先把木碗整齊置於木板餐盤上，再把煮好的薏仁舀到木碗裡，鋪上紅豆，白底紅心，稱

白玉紅豆薏仁，旁置一木鉢裝抹茶湯圓，如左圖，很有賣相，再由老闆娘親切的端上。這其中最有溫度的莫過於店主人將薏仁舀到木碗裡，鋪上紅豆的專注，如上圖，看店主人半弓身，雙眼注視舀匙與木碗，薏仁舀到木碗鋪

上紅豆幾乎是慢動作，讓人不自覺得認真起來，也不自覺得好吃起來。

C/P 值高 價格敏感性就低

70 元一份薏仁湯，在到處可見一碗 40 元左右的台南，能夠時時高朋滿座，而且沒人嫌貴。我是這麼認為：一般一碗 40 元，環境有溫度加 10 元，產品有溫度又加 10 元，人員有溫度再加 10 元，賣 70 元，剛剛好而已。

在這家店喝碗薏仁湯，你會發現鎂光燈閃不停，大家在意的不是 70 元貴不貴，好不好吃，而是在意他的手機有沒有吃一口。

薄片晾衣這道菜最近在台北很風行，幾片小黃瓜配上三層肉薄片，鳥窩窩單品訂價 290 元，如果你真要去計算材料成本，大概就吃不下了。然而因為有創意，讓消費者感到溫度，C/P 值就高，就不會在意材料成本只有一點點。

1.http://www.ipeen.com.tw/comment/633184

|26| 如果相信物美價廉 行銷就很囚犯

翻開台北東區，Zara、H&M、Forever 21、Uniqlo 等所謂的平價 fast fashion 暢行；在網路商店，破盤價、75 折、半價購、送東西等等滿天飛；看了令人厭倦，行銷到底出了什麼問題，怎麼搞成低價超低價局面。

以 Zara 等為例，他們掌握到消費者的「拋棄文化」(culture of disposability)，衣服是穿流行的，不流行就拋棄，所以物不美不耐穿沒關係，只要價廉，因此 fast fashion 產業就去找尋非常低廉的勞工，甚至奴工。

生產一流產品的義務

年輕的時候要買車，有位前輩告訴我：德國人做車子是讓你的下一代也能開，美國人做車子是讓你開個幾年就換車。他說：沒有誰是誰非，是哲學不同。的確，英國完成工業革命時，德國還是個農業國家，但是現在，這個只有 8,000 萬人口的國家，竟有 2,000 多個世界名牌。我們就用德國產品為例，來說明德國貨為什麼價不廉還能縱橫全球？

有人引用西門子前總裁 Peter von Siemens 的話說，這是靠德國人的工作態度，重視每個生產技術的環節，德國企業有生產一流產品的義務，有提供良好售後服務的義務，而不是追求利潤極大化的

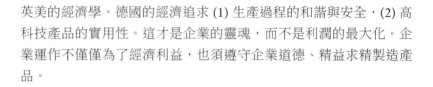

英美的經濟學。德國的經濟追求 (1) 生產過程的和諧與安全，(2) 高科技產品的實用性。這才是企業的靈魂，而不是利潤的最大化。企業運作不僅僅為了經濟利益，也須遵守企業道德、精益求精製造產品。

德國貨就是物美價不廉

所以在德國，沒有企業是一夜暴富，迅速成為全球焦點的，他們往往是專注於某個領域、某項產品的「小公司」、「慢公司」，但極少有「差公司」，有許多公司規模不大，卻大多是擁有百年以上經歷、高度注重產品品質和價值的世界著名「隱形冠軍」公司。

的確，當我們向德國的企業購買產品時，絕不會拿德國的價格來和美國貨比，因為德國貨的形象已深植我們心中，他是好貨，當然比較貴。

一個消費者一輩子就買一個

170 年歷史，取得 200 多項發明專利，並屢獲世界知名大獎的德國菲仕樂 Fissler 鍋具，被問到：為什麼要把鍋具做得那麼結實，若耐用期間可以短一點，不是可以賺更多嗎？他們的回覆是：所有買了 Fissler 鍋具的人都不必再買第二次，這就會有口碑，就會招來更多的人來買我們的鍋具，你知道這個世界有多少人口嗎，快 80 億了，還有 70 多億人口的大市場等著我們。

這就是德國企業的經營哲學，一個消費者一輩子就做一筆交易，讓他說你的東西好，再去感染另一個消費者，然後再感染第三

個人,生意永遠忙不過來。

德國貨貴到沒有競爭對手

Made in Germany 從來不在價格的絕對值上有優勢,連德國企業自己都承認。但和德國企業談價格,一刀都砍不下來。德國企業根本不承認有「物美價廉」這回事,他們強調的優勢在品質,從挖地鐵的隧道掘進機,小到釘書機,品質都是世界第一。

德國供 3 歲以下兒童食用的產品不得含有任何人工添加劑,必須是天然的;奶粉被列為藥品監管;母嬰產品只允許在藥店出售,不允許在超市出售;巧克力被規定要使用天然可可脂作為原料加工生產;德國生產的非工業用途的化學產品,例如清潔劑、洗手液、洗潔精,除了有清潔殺菌的功效以外,絕大多數採用了生物降解 (biodegradation) 技術,也就是靠微生物分解其中的化學成份,將化學對人體的傷害減少到最小程度。

因為沒有資源,所以要做得更好

為什麼德國的產品動不動就「能用到下一代」?德國的企業認為德國沒有資源,幾乎所有重要的工業原材料都靠進口,所以必須物盡其用,儘量延長使用期,這才是對原材料最大的節約,另外一個原因是德國企業普遍認為產品品質的好壞以是否「經久耐用」為基準。

我之所以引用這麼多對德國的論述[1],一方面與台灣的行銷人共勉,二方面做為我們這個國家的經濟發展參考。德國,大國,很

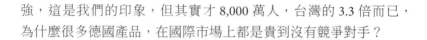

強,這是我們的印象,但其實才 8,000 萬人,台灣的 3.3 倍而已,為什麼很多德國產品,在國際市場上都是貴到沒有競爭對手?

C/P 值也因人而異

如果同樣的產品賣得比同行便宜,又可以 360 天後才付款,根本就不必推銷,不是嗎?不過,低價低價再低價的確很容易創造銷售業績,對任何企業或品牌言,的確很誘惑,但當走上低價或便宜賣之路,品牌形象或往後的行銷策略運用就會受到限縮。

有些行銷人喜歡用「物超所值」來說服消費者,有些消費者也喜歡用「C/P 值」來說服自己,當然,每個人對各種產品的需求價值不同,每個品牌對其產品的價值定位也不同,不過價格的絕對值不斷壓低的結果就是品質的不斷低落,一分錢一分貨,天公地道。

題外話:台灣的 22K 薪資、時薪制、派遣人力等因素,讓便宜貨得以大行其道,可是值得我們深思的是:當低薪、非正職 (低人力附加成本) 與便宜貨連在一起,形成惡性循環,食品安全問題溜滑梯也就不稀罕了。

為何我們一直往低價走?

台灣的百貨周年慶已不知走過多少寒暑,年復一年,百貨公司前的人行道擠滿人,排隊隊伍見頭不見尾,一片榮景,然百貨公司倒也心知肚明,2015 年業績能持平就很開心了,大家也多知道排隊人潮為了什麼,為了一些商品超低優惠,半買半相送,為了消費滿萬送千元商品券,為了消費滿 3 萬就抽 148 萬賓士車。以史上最低

價,力挽狂瀾,最後還是慘淡,推給大環境不好外,是否與百貨周年慶疲態有關。幾十年的打折,消費者已養成延後購買的習性,平常少量買,延到周年慶大大買,又讓周年慶後百貨公司門可羅雀。

旅遊展也一樣,百元遊台灣、千元出國去也出籠,五星級餐券秒殺總動員、超低破盤價紛紛上台面。

吃到飽會撐死經營,也撐掉經營風格

好友尤子彥因為「吃到飽」有如流感般蔓延開來,成為餐飲新聞最夯的關鍵字,因而發表台灣餐飲業「自我毀滅」之路:連五星級飯店都變成瘋狂吃到飽餐廳[2]一文,他說:「上帝要毀滅一個人,必先使其瘋狂!」這句話,餐飲業者不妨一起來思考。

子彥評論說:上大飯店享受大餐的愉悅情趣,如今竟成為餐廳老闆和客人,彼此算計 C/P 值的數學教室,實是餐飲業的大不幸。因為,自此,外場人員的好服務、內場大廚的好廚藝,在吃到飽食客眼中,價值統統等於零。當服務業的價值被秤斤論兩,原本該展現風尚體驗的場域,卻變相成為食材屠宰場,無形價值不再為客人所珍視,是瘋狂吃到飽帶給餐飲業的第一個災難!當服務業經營能耐,不是建立在風格 / 品牌經濟的縱深,而是依賴資本運作發達,成也規模敗也規模,便是其逃脫不掉的宿命。失去餐飲文化的靈魂在先,又步上傳統製造業,拼規模擠獲利的後塵,明明是名模,卻自甘淪入牛肉場,是瘋狂吃到飽帶給餐飲服務業另一難以承受的毀滅性傷害。

五星級飯店 buffet 一人價格總共約 1,500-1,800 元左右,不是低

單價,但變成吃到飽瘋狂秀,我也認為絕對不會是整個產業的福氣。不過,消費者喜歡玩 C/P 值,飯店 buffet 跟著玩,相對於注重人的好服務、好廚藝等溫度表現的其他餐飲服務業,那是另一塊市場區隔。名模下凡,價位中上 (若是旅遊展餐券,又更便宜),本就很搶手,也是競爭優勢的展示,擠壓到其區隔市場也是必然。

價格戰是囚犯困局,不要輕起

小咖發動價格戰,沒人會搭理,夠份量的大咖發動,就很令人討厭,通常只有「跟」或「不跟」的決策。「跟」與「不跟」,在實務上,其實非常兩難,「跟」利潤大減,「不跟」利潤也可能大減;「跟」客戶可能保住,「不跟」客戶可能失去;要免於這種囚犯困局,不論經營一個品牌或企業,一家大店或小店,只有「樹頭站乎在,毋驚樹尾做風颱」。「樹頭站乎在」指的是人要有溫度、產品要有溫度、環境要有溫度,只要平常經營注重溫度,不論「跟」或「不跟」,還是會被價格戰颱風刮到,但偶有些小傷,反有助於永續與成長。

1.http://wechatinchina.com/thread-441333-1-1.html
2.http://www.businessweekly.com.tw/KBlogArticle.aspx?ID=15309&pnumber=1

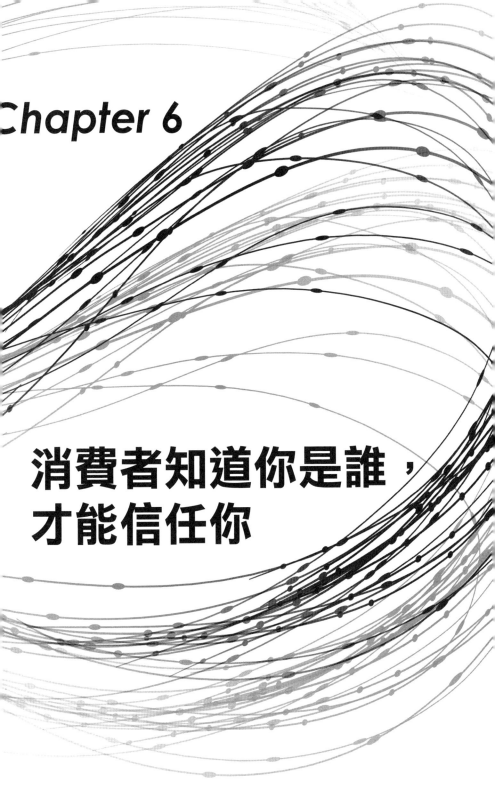

Chapter 6

消費者知道你是誰，
才能信任你

|27| 品牌要有溫度 先要給對人

市場區隔後，你和很多競爭者在同一賽局裡，有人扮酷的、有人扮騷的、扮假掰的、扮聖人的等等，在行銷這稱為定位，找到與你同一國的消費者，就是你的目標市場，互相吸引。如果扮騷又想吸引聖人型的消費者，騷勁的溫度就比較傳不出去。

演什麼要像什麼

可能有些消費者《白馬馬力夯》[1]不對味，但馬力夯的目標市場或許本就不準備要以這些消費者為對象。定位就是在熙來攘往的品牌中就定位，讓你要找的消費者或要找你的消費者，不論在產品、價格、訴求、購買、形象表現上，都能一望而知，不會混淆而找到別家品牌。

這就是演什麼要像什麼，台灣馬力夯如此，中國的《爽歪歪》[2]也是，定位都非常明確。前已提及之美國 USAA 金融控股也是，其旗下軍人家庭保險之人員訓練，必須戴鋼盔、吃乾糧、讀駐伊美軍家書，體驗軍人生活。USAA 的《Military Values》[3]訴求，一般人可能沒感覺，但對軍人及其家人可能就不一樣了。

我們講定位，其實分三個層次，一是產品定位，二是品牌定位，三是搶奪軌道定位。產品定位及品牌定位，一般常見，白馬馬力夯和爽歪歪都是屬品牌定位。搶奪軌道定位則是牽涉到整體企業存活，是一種生存賭注，目前最大的賭局是 iOS 對 Android。

定位與品牌策略

定位如果模糊，消費者可能混淆而找到別人；如果定位到競爭激烈的區位，你可能變成兔子；如果定位在無競爭的區位，可能你會發現人煙罕至，清靜得很。其實這和開店道理一樣，開在人聲鼎沸的鬧區，若口碑不強、看板不夠明顯，川流人潮總歸是過江之鯽；開在人煙罕至的地點，除非是口碑和固定客戶很多，否則生意可能不會順利。尤其是現在很多行銷是在網際網路上表現，網路上的「人口家數」又何止千萬倍於實體的街坊商店，如果定位不清晰，幾乎是無出頭機會，何來談網路行銷。

在行銷實務，一般將定位分成產品定位與品牌定位，品牌定位一般又與品牌形象 (image) 或品牌個性 (characteristic) 混用，雖然這三者還是多少有些不同，但實務上，沒有個性，成就不了形象，也定不了位，此為一體三面，一個品牌既然在市場上定位，就要有讓消費者看到的樣子 (形象)，以及行銷人就要賦予的樣子 (個性)。

定位本應先有品牌定位，再依品牌個性開發產品，而有產品定位與各項行銷組合策略。但大部份產品並不是系出名門，若要先塑造完品牌，再來推廣產品，恐非企業有限資源的最適運用。再者，產品與品牌雖然連在一起，但消費者對品牌的認同，一定是築基於對產品的認同。故對大多數品牌，應是先有產品定位，再一面銷售，一面讓消費者認識品牌，建立品牌知名度後，品牌定位才有實質的意義。對已具知名度的品牌，其新產品通常不會脫離原有的品牌個性或品牌形象，否則就會考慮重新定位 (re-positioning)；但若使用多品牌策略，新品牌仍是由產品定位先行。

定位好像見縫插針

定位好像「見縫插針」，在市場一堆各具特色的產品、品牌中，找出一個可以立足的位置；對有行銷企圖心的品牌，隨時都在探索別牌的產品站在那裡。我的產品定位經驗，或許可以分享。

深層訪談 (in-depth interview) 及焦點訪談 (focus groups discussion) 通常會併用，是產品定位第一步，來研析他牌消費者所得到之心理與實體利益及期待 (不滿足或想要的)。這項工作最重要的是訪談結果的歸納，不論他牌全部之利益及期待有多少，儘量歸納成兩個最適宜。

1. 兩個最適宜是在 XY 軸平面較能呈現出清晰的圖像，XYZ 軸三度空間之呈現較不建議。
2. 訪談結果可用上一章之市場區隔變數加以分析，以了解不同變數下之利益與期待差異。比較周全的做法，有時會再以問卷調查來對照訪談結果。
3. 歸納出之兩個利益或期待，與訪談他牌的結果，定有差距，但占比不宜過低。
4. 當心理與實體利益或期待超過兩個，且占比相當，難以取捨時，就會形成多組兩個利益或期待，分別進行定位規劃。
5. 當心理與實體利益或期待相當零散或不明朗，難以歸納時，代表消費者並無一致性認同，可考慮直接進行定位規劃。
6. 低市場占有率的產品能生存於市場，通常也有讓消費者接受的長處，所以不宜因小牌而忽略。

定位要同時考慮的三因素

經上述歸納程序後，開始定位，但要同時考慮下列三因素：

1. 市場占有率：各產品的市場占有率代表其過去滿足消費者心理與實體利益的成績。
2. 各產品的行銷組合強度：包括未來的行銷組合的可能動向以及對消費者期待的可能改變。
3. 本牌的行銷組合強度：定位在高市場占有率產品的身邊，或許有較現成的市場，但若本牌的行銷組合強度根本與該高市場占有率產品無法相比，睡在老虎身旁，恐怕是災難一場。

品牌定位有趣的實例

定位完成，行銷組合策略就必須一直跟著走，消費者才能持續浸淫在品牌所欲宣揚的個性及形象中，也才較容易形成差異化，對銷售的自轉助益較大。如果行銷組合策略沒有彰顯品牌個性，或不持續，知名度起得快，也消退得快。

三洋維士比自 1987 年就開始《福氣啦》[4]，到今天依然福氣啦；Burger King 自 1981 年策略即朝 Real big burgers[5]，如上兩圖（下圖為被網友創造成 Durex 保險套之原創），不論是吃的鼓鼓的，或撐到嘴巴裂開；時至今日，只是由大嘴巴變成《tiny hand 小手》[6]而已；REMA1000 為挪威超市定位平價，不裝潢，表現出來之定位訴

求《The easy is usually the best》[7]，有意思之至，令人噴飯，一定要看。

Blush 和 Jbs 讓男女開眼界

德國 Blush 女性內衣、丹麥 Jbs 男性內衣，亦是品牌定位很明確。每件衣服及每次推廣的訴求都不脫性感主軸，久而久之，性感的品牌定位及消費者認知就不會有間隙。Blush 從 2006 年贈送 Hotpants 火柴[8] 及 Make him your toy[9]，如右，到 2010 年的透視掃瞄[10]，如下，在在都顯示其性感得有自信的品牌個性。

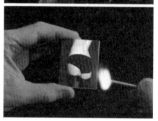

Jbs 是丹麥最大的男性內衣公司，創立於 1939 年，純家族企業。主張男人不想看裸體男人 (Men do not want to look at naked men) 的衝突性品牌個性，行銷訴求上不斷把男性內褲往角色扮演的辣妹身上掛，不論是扮成護士、修女、女僕、秘書[11]，如下頁上，其餘三

張請自行搜尋，或女生穿男內褲扮演男人的習慣動作《Women JBS Mens Underwear》[12]。此些角色扮演的訴求，迭遭各界嚴厲批判，但卻更凸顯其衝突性的品牌個性與定位。而在產品設計上，其 Evolution 系列對傳統男性內褲概念有不小的衝擊，這也應是其品牌個性與定位策略的一部份。

品牌有個性才會有形象及定位

沒有個性，消費者就不知要去哪裡找你。沒有個性的品牌可能一兩項產品剛好跟到順風的市場環境而大賣，若行銷人此時沒有順勢積極去告知個性或塑造形象，好不容易獲得的市場占有率可能也會迅速煙消雲散。

品牌要有個性，所發展出的產品之定位也要與其搭配，兩者焦不離孟，有些小車子明明小，不敢說小，怕人嫌，還要找幾個胖子來強調它的大，行銷人對自己之定位都不敢明確見人，怎能期待消費者不扭扭捏捏。Peugeot 107 就毫不諱言是小車，也把身高較矮的藍波、馬拉度納、拿破崙、星際大戰尤達通通搬來協助定位[13]，說我短小精悍，表達小得出人頭地的形象，Peugeot 207 之《Ladybird》[14]，也很能引人注目，兩隻瓢蟲在車內快樂似神仙。

1.https://www.youtube.com/watch?v=3j8xLuSwdu8
2.https://www.youtube.com/watch?v=zBKHQv3KgfY

3.http://www.youtube.com/watch?v=eb3ql0sCORU

4.http://www.youtube.com/watch?v=baavESVxDAE

5.2000 年，http://www.coloribus.com/adsarchive/prints/unknownadvertiser-really-big-burgers-2562205/， 及 http://www.coloribus.com/adsarchive/prints/unknownadvertiser-the-whopper-americas-favoured-burger-2598605/

6.http://www.youtube.com/watch?v=W7Obn3d4SqE }

7.http://www.youtube.com/watch?v=Biim2BDqhVw

8.http://www.coloribus.com/adsarchive/ambient/lingerie-hotpants-9174455/

9. http://www.coloribus.com/adsarchive/prints/blush-make-him-your-toy-10756405/10.http://www.coloribus.com/adsarchive/prints/blush-lingerie-body-scanner-13558305/

11.http://adsoftheworld.com/media/print/jbs_mens_underwear_secretary

12.http://www.youtube.com/watch?v=sFle-FRWJkw

13.2007 年，智利 http://www.coloribus.com/adsarchive/prints/peugeot-107-peugeot-diego-9762355/

14.http://www.youtube.com/watch?v=byRM5IxeGz0

|28| 產品線廣度深度與重新定位

　　以台灣黑松為例，黑松這品牌 (不是指公司) 有黑松汽水、黑松沙士，黑松 FIN 補給飲料等，此為品牌延伸，亦即黑松這品牌之產品線由汽水、沙士，延伸到補給飲料市場，而黑松 FIN 補給飲料之產品線有健康補給飲料及水漾輕補給飲料，此稱為產品細分化。黑松另有韋恩咖啡，是黑松公司的多品牌策略，韋恩咖啡有特濃、美式、冰釀研磨、藍山調合冰釀等，亦為產品細分化。

　　品牌延伸一般是為增加產品線廣度，產品細分化則為增加產品線深度。韋恩咖啡雖不使用黑松這品牌，對黑松公司言亦是為增加產品線廣度。多品牌策略還有另一態樣，即相同或極類似之產品使用不同品牌，如黑松公司之水類品牌有天霖純水與黑松純水兩者，產品相同，亦都標榜去除陰離子、陽離子、無色、無味，無任何負擔、低電導度之純水。

為什麼要增加產品線的廣度與深度

　　在品牌經營的過程，當一個品牌之一種產品成功擁有某部份占有率後，行銷人便會思考 (1) 對已有的消費者要再賣他什麼東西，(2) 現有的產品再細分，如韋恩咖啡未來可再出喝了睡得著咖啡、男用夜店咖啡、女用夜店咖啡等等。前者就是增加產品線廣度的原因，就已有的消費者推廣其他與原有品牌形象相符、與已有的消費者特性相符的其他產品，增加營收；產品細分化一般只是產品做些小改變，目的是為了爭取更多消費者，尤其是讓非核心消費者增加

使用頻率，或爭取原來非本牌消費者，或是阻擋競爭者競爭。

以產品細分化來增加產品線深度，不論原因如何，目的都是擴大市場，增加營收，與多品牌策略之增加產品線廣度，目的一樣。一個企業增加產品線的廣度與深度決策，一般仍以彼得杜拉克 (Peter Drucker) 的技術市場組合概念思考，以現有技術針對現有市場發展出之新產品比較容易成功，以新技術針對新的市場發展出之新產品則比較容易失敗。

產品細分化策略

在一個品牌下，同一產品為應付不同消費者的需求，而增加該一產品之深度，細分成數個產品，如善存 Centrum 綜合維他命依年齡細分為小善存、善存、《脫衣撲克的銀寶善存》[1] 等。此為產品細分化的一種方式，此種細分之區隔變數愈明確愈好，一方面消費者容易認同，二方面不會造成替代消費，三方面行銷人的行銷組合策略容易準確。

產品細分化一般也是大品牌防堵小品牌蠶食市場主要策略之一，對小品牌而言，在尋找產品定位時，為求快速立足於市場，常用見縫插針的策略，先針對一小空隙設計行銷組合策略，而此小空隙市場通常也是大品牌所不屑的。在小品牌插針後，試圖擴大空隙，或數個小品牌各插各的針，大品牌可能就不能再坐視不管，而將產品細分化，小品牌有的，大品牌皆有，此即一般所稱的大品牌跟隨策略。

大品牌跟隨策略將產品細分化，目的並不在於與小品牌爭奪小

空隙市場，而在於稀釋小品牌在小空隙市場之占有率，使小品牌經營不經濟而退出。小品牌的因應之道是差異化，而且不斷差異化，使大品牌覺得和小品牌一般見識，不夠效益而退出；小品牌也在不斷差異化中，不斷擴大市場占有率與建立品牌形象。

品牌延伸與多品牌的思考

另一種方式是增加該一產品之廣度，針對相同消費者，藉由品牌之移情，產生連帶購買，常見的如皆係化妝品之保養品、彩妝品等，皆係紙棉類衛生用品之衛生棉與紙尿褲，增加產品廣度，行銷通路亦相似，但並無太大的移情連帶購買關係，故較偏向品牌延伸或多品牌策略面，亦即以產品細分化思考所為之增加產品線廣度，產品與產品間必須有連帶購買之條件。

當一個品牌在某一產品線成功後，常會面臨新產品是否使用同一品牌的討論，此即品牌延伸以及多品牌問題。一般認為使用品牌延伸策略有搭便車效果，比較合乎經濟效益；但有些行銷人批評上述利益是陷阱，是一廂情願的想法，且可以列出幾百個品牌延伸的失敗實例。當然，也有有些行銷人認為多品牌策略比較不受原品牌拘束，能充份發揮行銷組合策略；然而要列出幾百個多品牌的失敗實例，也不是件難事。

品牌延伸與多品牌策略並不一定只取其一，瑞士雀巢 (Nestlé S.A.) 產品線很廣，每一產品線雖都有很多品牌，但幾乎每一產品線也都有 Nestlé 牌，包括瓶裝水、嬰兒食品冷凍食品等，也就是品牌延伸與多品牌策略同時併用。

失敗不要怪罪於品牌延伸

的確，很多成功的品牌在延伸時，遭受一些挫折，例如統一很成功，但延伸到統一麵包、統一電腦時就不那些順遂；台塑延伸到汽車吃了大虧，但台塑牛排就很有名氣；Apple 以前電腦做得不怎樣，現在 iPhone 手機似乎很搶手。但也有相同名稱也不錯的，元大企管在領台灣企管顧問界風騷時，市場上有元大眼鏡、元大計程車、元大銀行，每一家元大都不錯；美國奇異電器 (General Electric) 更是什麼都叫 GE，包括金融、能源、交通、健康保健、不動產等，完全品牌延伸，元大則每一家完全不相干。相干與不相干，其實不宜以失敗實例太多，而將品牌延伸視為原罪。

一個品牌及其產品能否經營得起來，牽涉到環境的不可控因素，統一麵包在 1980 年創立，成立的店鋪數好像不比那時的 7-11 少，後來全部都關掉，現反而占台灣麵包市場之 20% 左右。1985 年 7-11 也賣咖啡，但倒掉的咖啡比賣掉的多，新的 City Café 上市只不過短短幾年時間，現在年銷已超過億杯。環境雖不可控，但一個產品失敗，企業仍注意市場機會的轉變，隨時準備大咬一口，此為行銷最重要的「不輸」精神。如站在 2000 年看統一麵包及 7-11 咖啡，那是品牌延伸的失敗案例，但實際上，統一麵包及 7-11 咖啡現已非昔日阿蒙。在不可控的市場環境中，行銷人要養成「比氣長」的觀點，我的經驗：只要不輸，不退出市場，就永遠有機會。

複製成功經驗是屁

品牌延伸常失敗的最主要原因是經營心態的走樣。有些行銷人認為：品牌延伸策略合乎經濟效益，具有搭便車效果。但我最反對

的是為何要心存搭便車，這種「可以依賴」的心理就是失敗的淵藪。

一個品牌已知名，但帶著的新產品未受消費者檢驗，整體行銷的精神、策略仍須回歸新事業開展，就好像該品牌在未知名時的 nobody 心態一樣。品牌未知名時，胼手胝足，兢兢業業，唯恐不成功便成仁，多方吸收資訊，擔心自己不行，沒有東西可以守成。品牌知名了，自己也肯定自己，尤其是有所謂「成功經驗複製」可依賴，思考漸離不開往日輝煌戰績的模式，守成心理常常凌駕創新經營。

效益是創造來的，不是可繼承的

品牌延伸基本上只是利用消費者對品牌的移情而已，經濟效益是創造來的，不是前產品可以移交給後產品的。行銷人與其把搭便車的效益當成品牌延伸及多品牌之討論重心，不如多花心思於新產品所能帶給消費者的實體滿足。7-11 的咖啡不是因有 7-11 庇蔭而富貴，也不是另外有個 City Cafe 副品牌 (sub-brand) 而顯耀，御飯糰也一樣，其皆有個別之行銷組合與經營策略，絕不能說是搭 7-11 的便車而成功的。我認為任何品牌，不論知名與否，新產品上市應以新事業之創業精神從事，才會有增加收益、提高形象等經濟效益之相乘效果，沿用原品牌或使用新品牌並不是重點。

在品牌延伸課題中最常被討論的是：原來的品牌個性放到新產品上，是否為消費者認同？然在此之前，行銷人是否自問：在無原產品之行銷關係支援下，新產品亦具市場競爭力？若不是，新產品變成拖油瓶，怪品牌延伸之品牌個性，似乎沒太大道理。若是，品牌個性本就是行銷人引導消費者認同的，加入新產品後之品牌個性

並非不能有新聞述，或重新定位。

多品牌策略案例

然而，為不同目標市場及競爭需要，必須切割產品，如 Pepsi 的 Doritos 玉米粉片；切割價格，如 Anheuser Busch 有低價 Busch 啤酒，平價 Budweiser 啤酒，高價 Michelob 啤酒，Hertz 在 2007 年區隔出低價租車，成立 Simply Wheelz 品牌 (2009 年 Hertz 購併 Advantage rent-a-car，將 Simply Wheelz 併入 Advantage)；切割通路，如 Hanes hosiery 為百貨公司之褲襪品牌，超級市場通路品牌為 L'eggs，行銷人就須考慮多品牌策略。

又也有切割區域相同產品在不同國家有不同品牌，如美國 Axe 在英國稱 Lynx，兩者品牌個性與定位也相同，上為英國 Lynx 在 2010 世界杯足球賽期間訴求的 Lynx Effect，只要在世足期間使用 Lynx，就會有這樣的女生和你一齊慶祝[2]，右圖為烏拉圭迪斯可夜店的 Axe 飲料杯，訴求的 Axe Effect 是飲料愈喝愈少，女生的衣服也愈來愈少[3]。但有時也會看企業的經營文化，如 Unilever 以多品牌為企業內部之自我競爭，旗下就有 Dove、Impulse、Lux/Axe、Lynx、Pond's、Timotei、Sunsilk 等相近產品。

另外，在原品牌名稱與新產品不搭調下，可考慮多品牌策略，如沒有一家可樂品牌敢延伸至汽水或其他飲料，因可樂多年來已被塑造成黑黑的，甚至連叫白可樂都不敢。又如台灣最近爆紅的「好神拖」及「真神拖」拖把，品牌都叫「拖」了，想要延伸品牌至其他產品，的確很費思量。

不會改個名字，好運就來

近年來，購併日益盛行，一個企業擁有數個品牌也成為普遍現象。使用多品牌策略是否就無品牌延伸之搭便車效果，除非是企業內部之自我競爭，否則產品或通路搭便車常有所見。例如 Coca cola 旗下有 Sprite、Burn、Schweppes、Fanta 等等，在通路談判時，搭便車效果是免不了的。又是否使用多品牌就比品牌延伸較有勝算，基本上，經濟效益是創造來的，不會多個名字或改個名字，好運就來，Coca cola 旗下的 Mr. Pibb 是為搶 Dr Pepper 市場的，改名成 Pibb Xtra 還是追不上 Dr Pepper。

不會多個名字，好運就來

《保力達 B》[4] 保健飲料 (正確說法應是酒精口服液) 1968 年上市，其又在 1997 年推出《蠻牛》[5] 提神飲料，與前揭三洋維士比及白馬馬力夯都是台灣很成功的多品牌策略實例。因為保力達 B 與維士比皆屬於藥用類產品，必須在藥局與合格地點販售，不能走超商、超市等通路，或許可以說此兩企業的多品牌策略與通路有關。不過，兩企業在兩品牌的目標市場、定位及訴求均完全相同，唯一能差異的是廣告明星與廣告量，這可能會造成兩敗俱傷。

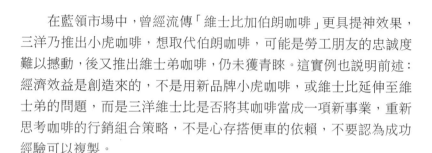

在藍領市場中,曾經流傳「維士比加伯朗咖啡」更具提神效果,三洋乃推出小虎咖啡,想取代伯朗咖啡,可能是勞工朋友的忠誠度難以撼動,後又推出維士弟咖啡,仍未獲青睞。這實例也說明前述:經濟效益是創造來的,不是用新品牌小虎咖啡,或維士比延伸至維士弟的問題,而是三洋維士比是否將其咖啡當成一項新事業,重新思考咖啡的行銷組合策略,不是心存搭便車的依賴,不要認為成功經驗可以複製。

重新定位案例

品牌經營一段時間,可能會發現原先設定的目標市場與實際之消費者結構有差距之市場位移現象 (displacement phenomenon),其實這是很正常的,容或行銷組合策略是依據嚴謹的消費者調查而來;也可能會發現原有的品牌定位已不合競爭環境或消費者的需要,又不想以多品牌改名;因此有以重新定位策略來改運的。

重新定位是一項要消費者對品牌有新認識的工程,就好像要把舊店重新裝潢。既要吸引新的消費者,也要顧到原來消費者的感受,也就是新舊品牌個性要有所銜接。Volvo 在 2000 年左右,放棄以往四四方方的傳統車型,並將 A car you can believe in,強調安全的定位,調整為 For Life,強調與生活結合。安全為 Volvo 之核心價值,其擁有為數可觀的安全創新,所以重新定位為 For Life 時,許多的訴求仍結合安全,不急於直接移轉。

下頁兩張圖是 Volvo 早期其強調安全常用的訴求方式[6]是凸顯其結構堅固牢靠,例如撞不爛,1995 年後,比較流線型的車子陸續上市,仍舊延續安全的主題。2000 年,開始使用 For Life,比利

時人法文文案的意思是 Safe sex even without condom[7]，如下圖，真寫意的定位方程式：車子安全＋性行為－保險套＝生活。直至今日，仍充份表現其之安全核心，不怕碰撞。

Volvo 之重新定位過程是比較寧靜的，堅守重新定位最重要的原則：不躁進；沒有大肆宣傳為何要 For Life，這可能和其有堅強的安全核心價值有關。可謂有真材實料者，能多一分實體利益，就可以少煩惱一分消費者的心理滿足。

　　像 Volvo 的重新定位，基本上是一種很標準的模式，由原來強調安全暈開到 For Life，簡單講可以是 safety ＋ enjoy ＝ For Life，也就是加入一個與原定位不衝突的元素，順利將原定位導至新定位，消費者不覺唐突，自不會有抗拒。

1.http://www.youtube.com/watch?v=WNsBc7PBw5E

2.2010 年，http://www.coloribus.com/adsarchive/prints/lynx-axe-deodorant-2010-world-cup-finals-13789405/

¿ 想想
行銷的信任與溫度

3.2009 年，http://www.coloribus.com/adsarchive/ambient-casestudy/axe-the-axe-effect-in-discos-13530405/

4.http://www.youtube.com/watch?v=QgzguSxWypA

5.http://www.youtube.com/watch?v=IqD4Ctxsou8

6.1990 年，Wells W.D. & Prensky D., 2003, Consumer Behavior, John Wiley & Sons, Inc. 及 1996 年，瑞 典 http://www.coloribus.com/adsarchive/prints/volvo-in-our-country-458205/

7.2000 年，比利時 http://www.coloribus.com/adsarchive/prints/volvo-c70-cabrio-cabrio-1962755/

|29| 可樂的軌道搶奪定位

相對 Volvo 的寧靜重新定位，美國的可樂市場就喧囂許多。1969 年，Coca-cola 揭竿而起，定位於《It's the real thing》[1]，中譯為「只有可口可樂才是真正的可樂」，與《Look for the real thing》[2]、《Can't beat the real thing》[3] 等多管齊下，終於搶下「可樂＝可口」的定位，也迫使 7Up 及 Dr Pepper 於 1975 年趕緊要保命快逃開，分別表明《It's Uncola》[4] 及《It's not a cola》[5]，一方面避免掃到可樂的颱風尾，二方面也定自己的「非可樂」位。

如前述，搶奪軌道定位是牽涉到整體企業存活，是一種生存賭注，搶軌道 Coke 與 Pepsi 是在搶定位權，誰搶到就整碗捧走。以前的錄影帶 VHS 與 Beta 之大小帶之爭、Microsoft 與 Linux 之爭、目前的 iOS 對 Android 也是。

Coke 與 Pepsi 的可樂戰爭

Coca-cola 塑造「可樂＝可口」定位是一極為犀利的策略，一但成功，全部叫 cola 的產品及品牌都必須稱臣，尤其 Coca、cola、Coke 三者發音極為接近。其實在 1969 至 1995 年，Coca-cola 建立及鞏固定位時期，Pepsi 是有不少機會不讓「可樂＝可口」成真，但卻未掌握，以致於一直位居老二。

Pepsi 自 1975 年起，為防止 Coca-cola 定位，在全美各銷售點進行盲目口味測試 (blind taste test)，此即著名的百事挑戰 (Pepsi

Challenge)，Coca-cola 也 加 以 反 擊，如右兩圖[6]，因而掀起所謂的可樂戰爭 (Cola War)[7]。這場可樂戰爭，在盲目口味測試，大部份消費者偏好 Pepsi，可口乃於 1985 年更改配方，推出 New Coke；然因口味有差異，造成原消費者的反彈，可口不得不再回復原來配方，並在 1993 年改名為 Coke Classic[8]。

Pepsi 訴求便宜的錯招

Pepsi 未在盲目口味測試勝利及可口更改配方兩個時機，阻斷可口「可樂＝可口」之企圖，反而在 1983 年推出 It's cheaper than Coke！或許 Pepsi 當時以為「物美價廉」是個殺手策略，但卻只成就了營收，而給 Coke Classic 在

1993 年以 Always Coca-cola 結合《Always the real thing》[9]，完成「可樂＝可口」定位。

2003 年，Pepsi 慶祝 100 周年，推出《It's the Cola》[10]，定位神經又被挑動，Coke 乃連續以 Real、Make It Real、The Coke Side of Life 及 Live on the Coke Side of Life 等訴求反擊，一直到 2007 年才平靜下來。

大品牌跟隨策略優雅但賴皮

經過這番折騰，Coke 大概認清楚身為「可樂＝可口」，不須一齊起乩，只須隨其起舞，才是大品牌跟隨策略的優雅風範。2007年 Pepsi 訴求《More Happy》[11]，2009 年 Coke 也《Open Happiness》[12]一下；2009 年 Pepsi《Refresh Everything》[13]，2010 年 Coke 也 Twist The Cap To Refreshment，這種策略長期跟下去，Pepsi 不癱也難，就看 Coke 夠不夠賴皮。

其實，Pepsi 在 1975 年就已有《The Choice of a New Generation》[14]的定位，並找來當紅的年輕偶像 Michael Jackson，造成轟動。1985年又以考古發現 Coke 化石來強化 New Generation 的《The future》[15]定位。據聞那時也有爸爸喝 Coke，兒子喝 Pepsi 的耳語。可能是 Pepsi 的 New Generation 有不錯的效果，害慘了 1988 年的 Your father's Oldsmobile。不過，這也給行銷人一個啟示：當使用上一代這一代的比較時，不要自己打自己。

Pepsi 在整體競爭策略上，延續以往盲目口味測試結果，不斷釋出指名之差異攻擊訴求，但：

1. 有些行銷人認為在「可樂＝可口」下，Pepsi 自百事挑戰迄目前之指名攻擊，只是給可樂市場注入活力，藉由搶奪小可樂品牌之市場占有率，為 Coke 及 Pepsi 創造出新增加的銷售量。行銷人以為如何？

2. 盲目口味測試是由下而上的體驗行銷，Pepsi 之差異攻擊訴求則是由上而下的宣傳，兩者力道如何結合，行銷人無妨動動腦。

Coke 控告 Coke zero

在產品細分化過程中，消費者是否買
單是行銷人最頭痛的問題。可口可樂在推
出 Coke Zero 亦遭到一些麻煩。消費者認為
Coke Zero 之口味與 Coke 不同，拒絕接受
Coke Zero。可口可樂除大量訴求 Coke Zero
是 Real Coca cola Taste，並推出 Coke 控告
Coke zero 抄襲的戲碼[16]，如右，也做出許多
版本之電視廣告來因應。

　　消費者與可口可樂在口味上有認知之差異，是許多品牌在產品
發展常會遭遇的，所以行銷人在品牌定位過程中，要隨時注意下列
情形：
1. 消費者認知的產品利益與行銷人的設想一致嗎？
2. 消費者認知的產品利益與行銷人設想的品牌個性一致嗎？
3. 消費者認知的品牌形象與行銷人設想的品牌個性一致嗎？
4. 消費者認知的品牌形象是否會限制未來產品的開發？

　　消費者「認知」似乎等同「認定」，消費者「認知」Coke 就
是那種口味，管他是 Coke Zero 或 Diet/Light Coke，這對行銷人並
不是件好事，因勢必影響到產品細分化策略。或許幾十年來，可口
可樂並沒有隨其世界第一的發展，將品牌定位由產品實體利益轉至
心理利益，致使不少 Coke 系列品項銷售陷入泥沼。以 2006 至 2010
年之 5 年間，在美國就換了 4 個 slogan，分別為 The Coke Side of
Life、Live on the Coke Side of Life、Open Happiness、Twist The Cap
To Refreshment，其中也只有 Open Happiness 有些心理利益味道，

而幾乎年年更換，不知消費者的心靈能不能受得了。

---

1. It's the real thinghttps://www.youtube.com/watch?feature=endscreen&v=mPQopEK0tV4&NR=1

2. http://www.youtube.com/watch?v=tM8LXcgzOk0

3. http://www.youtube.com/watch?v=K36TU6JoRps

4. It's Uncola http://www.youtube.com/watch?v=huV_aRbBcCc&feature=related

5. It'snot a cola http://www.youtube.com/watch?v=x8xHMhu39yM }

6. http://en.wikipedia.org/wiki/Pepsi_Challenge

7. http://en.wikipedia.org/wiki/Cola_Wars

8. http://www.snopes.com/cokelore/newcoke.asp

9. Always the real thing http://www.youtube.com/watch?v=IWwg_5-ou0A

10. It's the Cola http://www.youtube.com/watch?v=V71CMBPW7yE

11. More Happy https://www.youtube.com/watch?v=8kj87G2BHDI

12. Open Happiness http://www.youtube.com/watch?v=icV7fGqPZ2I

13. Refresh Everything http://www.youtube.com/watch?v=mFWrcKrq8yU

14. The Choice of a New Generation http://www.youtube.com/watch?v=po0jY4WvCIc

15. The futurehttps://www.youtube.com/watch?v=Kf1A8Ukk5Us

16. 2007 年，http://www.coloribus.com/adsarchive/outdoor/coke-zero-cy-1-800-sue-zero-9431055/

|30| 老二定位的迷思

行銷界流傳所謂的「老二哲學」，於是有些行銷人亦存有定位為第二品牌的思考。1962 年 Avis 發表老二宣言[1]，如下，半世紀來一直被許多行銷人當成老二的代表，可憐的 Avis，沒有繼續做老二，現在連老二都不是。

老二其實是很危險的

我的行銷主張是不輸，但卻不是消極，甘做第二。長年來，Avis 難道甘做第二嗎？應該不是，1965 至 1977 年，ITT 入主 Avis 期間，也曾主打 We are No. 1。只是經營實力不如人，消費者好像也不認同，沒有做成第一。Avis 主打服務，一直在 try harder，但根據 BusinessWeek 調查，全美 25 家服務最好的企業，Enterprise 租車排第 9，Hertz 為第 20[2]，而 Enterprise 也是目前美國租車的第一品牌。

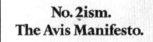

做老幾是消費者決定

市場排名是品牌競爭的過程或結果，與品牌個性無關，也與定

位無關，但行銷人總不能耍酷：我就只願做第三。坦言之，能不能做第三，還得看行銷組合策略，及其他環境變數；在競爭過程中，雖不能完全說不進則退，但吸引消費者的是品牌及產品之心理與實體利益，不是占有率排名、創立歷史等。Hertz、Avis 均比 Enterprise 早成立，占有率也都長期高居前兩名，但還是被以優質服務著稱的 Enterprise 後來居上。

市場占有率第二其實是很危險的，因為第一名的絕對不容許第二的來篡位，想盡辦法也要把他踹下去，第三名要往上爬，一定也會扯第二的後腿，這就是有名的藍徹斯特法則 (Lanchester's Law)。縱然是占有率第一，訴求第一品牌頂多也是藉由宣示來產生告示效果 (bulletin effect) 而已，並不是定位，所以不能再就於老二迷思，多想想要幹什麼？黑莓子彈射穿蘋果的《touch》[3] 廣告，訴求 The world's first touch-screen Blackberry，但世界第一對消費者有感覺嗎，消費者正陶醉於 Apple 給他的產品實體利益，2011 年 Blackberry 新產品上市，消費者看的也是比 Apple 好在那裡，而 world's first 一點加分的效果都沒有。

鴉片與毒藥大拼場

在香水界有兩個品牌非常獨特，一為鴉片 Opium，另一為毒藥 Poison。鴉片為 Yves Saint Laurent 在 1977 年推出，Christian Dior 之毒藥於 1985 年上市。鴉片有男女香水；毒藥至 2007 年，前後推出 Tendre (綠毒)、Hypnotic (紅毒)、Pure(白毒) 及 Midnight (藍毒)；兩品牌都以產品細分化策略為主。

Dior 屬於 LVMH 集團，而 YSL 只是 Gucci 旗下之一個品牌，

Gucci 及 LVMH 均是採多品牌策略,但 Gucci 品牌包括皮件、服飾、香水、化妝品等,亦採品牌延伸策略,Dior 也大同小異。亦即不論採多品牌或品牌延伸或產品細分化策略,皆視企業的需求,無須太拘泥。

鴉片挑動中國人的神經

鴉片 Opium[4] 是第一瓶突破傳統命名的香水,外觀造型參考日本印籠概念,如上右圖[5],暗紅色設計,充滿神秘與誘惑,要傳達的訊息是:女人因有 Opium 而性感又高貴。單一品項屹立 30 年不搖,實在不簡單。

1977 年在美國的中國人認為 YSL 忽視中國歷史及中國人的感受,因而組織一個名為美國反鴉片及濫用毒品聯盟,要求 YSL 更名並公開道歉,結果反使 Opium 廣受注目,並開始熱銷。

行銷上所指的鴉片戰爭發生在 2000 年,YSL 請英國模特兒 Sophie Dahl 拍 Opium 廣告,如上[6],該廣告在西班牙得獎後,遭到許多國家禁刊,英國廣告標準管理局的理由是:太過於性暗示,降低婦女品格,美國評論家也批判說:其將 idealization of weak yielding women 推至極致[7]。英美聯軍對法國 YSL 的鴉片意見好像很多,行銷人以為如何?

難怪法國人常要和英國對
槓，連穿梭於英法海底隧道的
高速列車 Eurostar 歐洲之星都
要被開一下玩笑，把黃豆當精
子，蛋黃當卵子，如右，到倫
敦會情人回程 100 歐元[8]。氣炸
了英國人。

Dior 的 Poison 比 YSL 鴉片晚 8 年上市，但單單毒藥一詞，已
讓人覺得來者不善，似乎是以激情的性感來分隔 YSL 鴉片的神秘性
感。兩個品牌均直指歐美貴婦鮮為人知的內心世界，YSL 鴉片較有
東方文化的矜持，Dior 毒藥較有西方的豁達，難怪鬼影幢幢[9]也無
所懼。

Poison 自 1985 年上市以來，已另細分化出 Tendre、
Hypnotic、Pure 及 Midnight
等 4 個產品，這 5 個產品
各有產品個性，至今仍有
Poison、Hypnotic、Pure
在銷售。行銷人無妨研究
一下為何 Poison 如此長
壽，已賣了 30 年還存活，
何況又自己細分化來挑戰
Poison？

白天送花　晚上煙花

　　針對定位及品牌經營，可能有些行銷人會有疑問，定位後要讓消費者知悉、認同，要花不少的經費，以中小企業或網路行銷人而言，恐怕付不起。的確是的，對大企業，可以花錢請外面的專家協助制訂策略、設計創意，支付各種媒體之廣告，舉辦各種 events，讓消費者在最短的時間內認同並接受品牌。

　　對中小企業，幸好網際網路發達，給行銷人可制訂策略、設計創意，花較少的費用在網路上逐漸累積消費者認同的空間，尤其對 3D 影像及動漫（Anime）的使用，是值得思考的。千萬不要以為影響速度慢，效果不顯著而不為。投資少回報少是公道的，不要看網路上有人「爆紅」，就以為是常態，那可能也是廣告訴求的一種。

再強調一次，效益是創造來的

　　行銷人建構產品與品牌個性，而形成產品與品牌定位，這是產品與品牌的內在，消費者看了後有所認知，才有外在的產品與品牌形象。內外在是否一致是行銷人隨時要注意的，消費者對產品與品牌形象的觀感亦是，行銷人平常可藉焦點群體 (focus groups) 對談，吸取更多資訊，做為行銷組合策略調整與發展之用。

　　曾有一家小花店的廣告是這樣寫的：Flowers today. Fireworks tonight.(白天送了花，晚上就會有煙花)。不送花可能就沒有煙花，沒有定位可能就不會有形象。經費多寡和企業大小有關，但創意好壞就不見得和企業大小有關，對中小企業或網路行銷人或小品牌言，發揮創意，善用網際網路及每一個可以曝光的機會；不把產品

與品牌定位的創意準備好,縱有曝光的機會,也只能徒呼負負。去
做就對了!品牌效益是創造來的。

---

1. https://thecopperwireblog.files.wordpress.com/2011/05/avis_2ism_manifesto.jpg

2. 2007 年 BusinessWeek 之 Customer Service Elite,http://www.businessweek.com/pdf/270529bwEprint.pdf

3. https://www.youtube.com/watch?v=upkvvEfQdl8

4. 1977 年,http://wiki.mbalib.com/zh-tw/Image:Nueva_imagen_para_Opium.jpg

5. http://www.montrealinstyle.com/2011/11/levolution-dopium-de-ysl.html

6. http://fashion.telegraph.co.uk/news-features/TMG9299894/YSL-Opium-advert-is-eighth-most-complained-about.html

7. http://news.bbc.co.uk/2/hi/uk_news/1077165.stm

8. 2007 年,http://adsoftheworld.com/media/print/eurostar_eggs_beans

9. http://i0.wp.com/australianperfumejunkies.com/wp-content/uploads/2015/12/Poison-Christian-Dior-Ad-Fragrantica.jpg

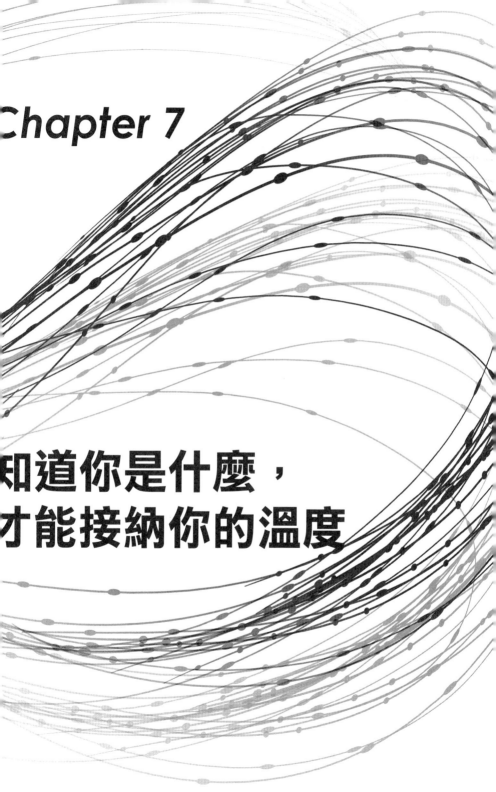

Chapter 7

知道你是什麼，
才能接納你的溫度

|31| 差異化是行銷人的 DNA

有人說：行銷課本教的差異化是錯的，使用者要的不是「不同」，而是「價值」。行銷課本沒有很懂差異化是事實，不過差異化本來就是講差異對消費者的價值，所以才有 FABE 推銷話術。

品牌之所以存在是有差異化，產品之所以能立於市場，也是因有差異化，差異化之所以重要原因即在此。行銷人要常自忖的是：憑什麼要消費者買我的產品？若沒有不同，消費者買大牌、名牌就好了，怎會輪到小品牌。

差異化是行銷人的 DNA

打個比方，本牌之產品條件確是不如競爭對手，進行研發改良是一回事，行銷人從不如人的產品條件中，細分出比競爭對手優的細項，也細分出比競爭對手劣的細項，並分別思考設計推銷話術，此即差異化的具體作為，也是行銷烏龜「不服輸」的精神之一。將推銷話術濃縮成一句話，就是所謂的訴求。在分析優劣、好壞或強弱時，記得沒有絕對只有相對。

有些行銷人中常存著產品比較好，應該比較好銷售的潛意識。在美國可樂戰爭中，百事可樂的盲目口味測試較可口可樂優，榮冠可樂 (Royal Crown cola) 也是[1]；但榮冠可樂的市場佔有率只有個位數，百事可樂也長期超不過可口可樂。換句話說，產品條件優劣並不一定與銷售好壞有絕對關係。因還有很多重要因素，其中之一就

是誰能利用差異化。

又如汽車省油是好嗎？這種題目很「機車」，省油當然是好，是優點，也是消費者的利益。但萬一行銷人賣的車子不是最省油的，怎麼辦？怨天尤人，投降嗎？

差異 ≠ 優點

當然沒理由投降，也不必懷疑汽車省油是優點。不過，對重視安全或偏好酷味或獨特風格的消費者，省油利益相對上可能非其購車之優先思考選項。因為省油可能是車輕，車輕可能是鋼板薄，鋼板薄安全性可能低。所以，「沒有絕對，只有相對」是差異化中最重要的元素，行銷人的 DNA 中是找不到任何「絕對好壞」、「絕對優劣」基因的。

行銷人運用差異化的過程，通常是先分析出特點 (feature)，將特點所能提供的功能轉化為優點 (advantage)，並將優點連接到消費者的實體與心理利益 (benefit)。若能再提出證明 (evidence)，說服力更強，此即 FABE 推銷話術。分析出特點就是找出與競爭對手「不一樣」之處，也就是本牌之特點，就有形成優點的可能。

結合消費者利益的差異是行銷的重心

不一樣推演成結合消費者利益的優點，此就是行銷的重心，也是行銷人創意的價值所在。烏龜哲學對差異化的註解是：「有特點強調特點，無特點創造特點」，即無論如何都要有特點，否則「憑什麼要消費者購買」。以 Burger King 之產品差異化為例，不一樣

之特點就是份量大，結合消費者利益的優點是吃得飽，相對上划算。都是直接挑明漢堡王的 Whopper 比麥當勞的 Big Mac 大上一圈[2]，如右。相較於漢堡王幾乎長期以產品特點為訴求，或謂以產品差異為主要攻擊點；麥當勞則較偏向品牌之差異化，帶給消費者《快樂歡笑》[3]，鮮少強調產品的特點。政治人物常用的《Where's the beef》[4]，則是來自溫蒂漢堡，也是牛肉大小的差異化。

　　產品真的有特點，又能實際帶給消費者利益，如漢堡王，特點轉化為優點較簡單。但在行銷中，行銷人較常遇到，也比較需要創意的情形是有特點，但較難轉化為優點，或是無明顯特點，須另外創造特點。以下有彎彎浴皂及 Avis 兩個差異化案例，可供做此方面的說明。但不論是有特點或無特點，在結合消費者利益時，一定要思考：釋出之消費者利益是否針對原設計 STPD 策略之目標市場需求。

架構「合乎想像的橋樑」

　　在有特點，但特點似乎與消費者利益不是很緊密時，要轉化就需有行銷人的創意。瑪利美琪化工的《彎彎浴皂》[5] 在 1978 年左右上市，肥皂形狀彎彎的，當時代言的是少女時期的胡慧中，「彎彎浴皂，彎彎浴皂，陶醉在彎彎裡」的旋律，讓人印象深刻。

　　彎彎浴皂的特點是有弧度，消費者的利益是洗得更乾淨。連接

看似不搭配的兩者，即是「符合人體曲線」。或許有人會問：彎彎浴皂的弧度是否真的符合人體曲線，不論燕瘦環肥？只改變形狀，不改變配方，那能洗得更乾淨？然消費者似乎未曾懷疑，反倒是輕易接受符合人體曲線，與皮膚接觸面較大，所以洗得比較乾淨。

彎彎浴皂給行銷人的啟示是：在特點轉化優點之過程，必須架構「合乎想像的橋樑」，如上例之符合人體曲線。所謂「合乎想像」並非一定是「真理」，而是消費者輕易可感覺到的具像事實，以利連接產品特點與消費者利益。簡單的說：當產品特點無法真正連結消費者利益時，要「創作」出一套「聽起來有理」或「無法証明無理」之簡單易懂論述，此為行銷人重要價值之一。

Avis 創造出「我比較差」的特點

前述 Avis 租車的兩張訴求，分別是「Avis is only No.2 in rent a cars. So why go with us？」，「When you're only No.2, you try harder. Or else.」，文案中 Avis 自喻為沙丁魚，不努力會被大魚吃掉。但最令人肅然起敬的是結論出「The line at our counter is shorter.」，「We're not jammed with customers.」。Avis 創造出之特點為「我們的客人比較少」，帶給消費者的利益是不必浪費時間排隊等待。

可能在 Avis 分析上述訴求時，找不到相對於 Hertz 之產品及價格的差異，只好硬著頭皮拿出他是第一，我是第二的差異，雖然有些難為情，但卻也給 Try Harder 一個非常理直氣壯，且有些感性的「合乎想像的橋樑」。最後之結論，對消費者的利益雖也難脫示弱，不過確是實情。生意比較差，自然不須等待。將生意不好逆轉成對消費者有利的行銷優點，高明的差異化創意。

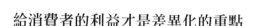
給消費者的利益才是差異化的重點

不論是有特點，但較難轉化為優點，或須創造特點，基本上均牽涉到消費者利益的連結。消費者利益雖然有時不得不以「合乎想像」來處理，但若不是消費者購買的顯著因素 (significant factor)，差異化訴求的效益仍然有限。

例如不必浪費時間排隊等待，但 Hertz 之等待時間並不長；或相對於等待時間，消費者比較在意 Avis 的價格；或當時社會的氛圍，並不在意等待時間長短；則 Avis 強調有節省時間之利益，並非消費者購買的顯著因素，自然打動不了消費者。又不會有額外的費用或限制之利益，但如果不是其他競爭對手普遍的做法，只是一些特例，以此為差異化訴求，恐怕亦難以引起共鳴。

差異沒有「好壞」及「優劣」

從以上之案例可以理解：尋找出能結合消費者在意的利益之特點，是差異化的重點，也是行銷的重心。當然「消費者在意」與市場區隔及品牌定位有關，例如上述 Avis 若當時以趕時間的商務人士為目標市場，其不必浪費時間排隊等待的利益就是可能消費者在意的顯著因素。所以，行銷人在觀看各種尋找「不一樣」之差異，或是思考自己產品之差異，除了要將消費者在意的利益置入自己的行銷邏輯外，市場區隔、目標市場及品牌定位三者亦要一體思考，不分次序。

行銷人只要澈底褪去「好壞」、「優劣」之潛意識，就比較輕易可以發現產品差異，藉由與競爭者之比較，由品牌 (定位、價格、

血統等)，外觀(尺寸、大小、設計、顏色等)，內在(成份、材料、結構、配備等)，功能(成效、感覺等)，績效（保證、服務、勳獎等)，找尋差異點，再運用智慧及創意，發展成具有消費者利益之優點。有如「日照澄洲江霧間，淘金女伴滿江隈。美人首飾侯王印，盡是沙中浪底來」。淘出之金子並無差異，行銷人要加工成有差異首飾或其他，就視市場需求及行銷人的智慧及創意。以下逐項列出案例，供行銷人淘金思考。

品牌特點案例

品牌差異常見由定位、價格、血統等，來凸顯與競爭者不同之特點，定位差異如右之早期和成 C-300 稱為「非馬桶」，試圖跳脫一般之市場競爭。和成 C-300「非馬桶」之訴求，行銷策略稱為創造新類別，新類別基本上是將原有類別細分化，如開特力 (Gatorade) 為自飲料類別中細分出的運動飲料，紅牛 (Red Bull) 則為第一支機能飲料品牌。但和成將 C-300 稱為「非」馬桶，話題性是達到了，但新穎別卻沒凸顯，不如運動飲料、機能飲料那麼明確。

一品牌之各系列產品是走高價或平價路線，也是差異化策略的範圍，右之荷蘭 Skoda 的 Fabia RS 車款訴求 cheaper，但為讓消費者覺得有價值，其亦強調是真正的跑車[6]。也就是縱然走平價路線，也要創造產品價值，不能被消費者看扁。採高價策略，千萬不要龜龜縮縮，不大敢講出口，怕嚇到

消費者。只要讓消費者感覺貴
得有價值，高價就形成身份或
其他榮耀的表徵。如哈雷 (Harley
Davidson) 機車的抱歉，貴不少
喔 (Regrets cost a lot more)[7]。不
論是高價或平價，品牌要彰顯
的是價值，不是價位。

血統也可以差異

血統則泛指產品來
源，或企業歷史，或由某
某授權、與某某技術合

作。右之巴西 Grendene 公司的 Ipanema 涼鞋[8]，不但由巴西國寶的
超級名模 Gisele Bundchen 代言，她還負責設計與監督生產。

美國伏特加 Vodka 市場近年來漸為 Smirnoff 及 Absolut 所佔據，
但前者為英國所產，後者在瑞典製造，均非主導伏特加文化的蘇俄
原汁原味。2007 年，蘇俄最老牌之 Stolichnaya vodka 以《Born in
the heart of Russia》[9] 為訴求，非常有蘇聯時代的味道，凸顯其血統
優勢。

尺寸大小形狀產品的外觀特點

尺寸大小形狀之比較在差異化中很常見，Durex 保險套也有
XXL 尺寸，又大又長[10]，三足鼎立；韓國 Samsung-9000 3D 電視強
調比鉛筆還薄[11]；P&G 推出加長 90 公分的新塵撣 Swiffer Duster[12]，

真是福音。

　　義大利飛雅特 Stilo 推出前所未見，號稱全世界的最大天窗[13]，以此為差異化，吸引喜歡開天窗享受天然空氣的消費者，但訴求大，一定要找個「大人」來表現創意，行銷人是否有其他想法？克羅埃西亞 Croatia，一個從南斯拉夫獨立出來的國家，Links 電腦推出狗造型的 USB[17]，銷售好得不得了。設計理念來自克羅埃西亞最常用的網路語言 Jebo Te Pas，意思是 May the dog fuck you。

　　產品的重量也常在差異化中出現，西班牙著名的 Camper 以重量輕訴求[15]，如下頁圖。輕薄短小在某些資訊及通信產品之行銷，

具有消費者在意的顯著因素性質，是不能小覷
的重點之一。

內在結構及設計特點

外觀要輕薄短小，內在之結構及配備可能
也須跟著變動，此兩者在差異化分析中常有牽
連，行銷人得視市場需求決定以何者為主訴求，如法國 Brandt 洗
衣機《Shared apartment》[16] 採外觀差異。結構及配備之內在特色差
異化較常運用在機械性、電子性的產品，如汽車、電腦、家用電器
等。內在之成份及原材料差異則較常用在如食品、化妝品、飲料等
不容易拆解之產品。

1977 年三陽喜美 (Honda Civic) 在台灣上市之廣告策略極為成
功，其將 Hondamatic 與 Automatic 比較，將整車之重要結構及配備
列表，是結構配備差異化之經典。而此例 Hondamatic 與 Automatic
也正可做為前揭和成 C-300「非馬桶」之對照。另外早期的三洋電
冰箱首創多一道門及歌林創新的不滴水冷氣機都是結構差異化的典

範，如上頁。

2008 年台灣阿瘦皮鞋新窩心系列的《赤足篇》[17]，將其結構、配備及功能完整陳述。義大利 VW New Bettle 也有驚奇，將皮革列為內裝的標準配備 [18]。

在服務業，提供給消費者的服務品項亦可視為配備，1999 年開航的美國 jetBlue 捷藍航空是一家廉價航空，利用每年 9-10 月的淡季推出 699 美元「飛到飽」（all-you-can-jet），消費者在一個月之內可無限次搭乘。訴求其服務比競爭對手還多，強調零食及飲料無限供應 [19]。

成份及原材料特點

成份及原材料之差異化是比較具說服力的訴求，因成份或原材料用得比較好或比較新鮮，可能就容易推論到產品好，對消費者有利，此亦是差異化常用的項目之一。台灣大成雞精的鹿野雞大戰淘汰雞，以原料雞的健康為差異訴求，凸顯大成雞精的特點，如右。將本牌及競爭對手所使用的成份或原材料同時提出，方便消費者品評。此種訴求格式，是標準的差異化訴求格式，

具有攻擊力道，公平法對資訊的呈現要求，比較嚴格。

德國 Ammerland 奶粉之 No other 訴求[20] 小孩因喝了該品牌奶粉，連母奶都不喜歡，代表 Ammerland 奶粉成份比母奶好。此訴求獲得 2005 年 Epica Award，是歐洲廣告很高的榮譽，但卻被批判得體無完膚，有的行銷人批評該創意違背多餵母奶的社會普遍主張，有的說其違反行銷母奶替代品的相關法律。

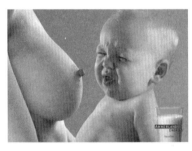

成份及原材料之差異化實務常見的是只提出一種成份來做差異化，如下之紐西蘭 Schweppes ginger beer[21]，強調是採用老薑研製，與其他品牌不同。Schweppes 果香汽水則以桔橘等不同口味凸顯差異化，在法國的訴求非常有 Dior Poison 及 YSL Opium 的綜合味道，法國人把英國 Schweppes 汽水創意成香水格調[22]，名為《Sensation》[23] 訴求更大大差異化汽水的品味真是絕品，這應該是很水平思考的創意，值得行銷人細細品味。

物戀的 Vulva「香水」

在化妝品、食品類中，任何一種香料或原料不同，均能朝差異化做分析。德國 Vulva

Original 上市不久，專售陰道氣味 vaginal scent 的「香水」，有人批評其不是香水，如右之訴求超級無敵驚世駭俗 [24]。

由 Vulva Original《vagina scent》[25] 可以看出隨著多元化社會發展，物戀（objectum sexual, OS）已浮出檯面，特徵是藉由無生命的物體來享受浪漫與性愛的親密生活，常見的如蒐集異性穿過的原味內衣褲等，有人稱之為戀物癖 (fetishism)。就好像美國退伍女兵 Erika，追隨嫁給柏林圍牆的瑞典 Eija-Riitta，與艾菲爾鐵塔結婚，並冠「La Tour Eiffel」夫姓。隨著人情的淡薄，移情於工作或享樂或物體的非性慾現象，愈來愈普遍，這個受質疑的市場有多大，或許值得行銷人觀察。

右為味全 Ag-u 奶粉全盛時期的成份差異化創意，只單點訴求蛋白質差異，絕對值得行銷人將其放大，研究其內容。另在食品及飲料方面，成份、原材料新鮮的差異化常是各品牌訴求的重心，法國 Charal meat 的 傑作《the best meat》[26] 人跑得比豹快，新鮮得連豹都覺得無奈；越南 Vfresh 橘子汁的新鮮度可比雞公鴨母嫵媚相擁賺取鱷魚的眼淚《Crocodile》[27] 的新鮮性，連鱷魚也瘋狂大哭。2007 年台灣啤酒的《有青才敢大聲》[28]，把新鮮定義在「在地現做」，直接排除進口啤酒，也是新鮮差異化的好範例。

1.Michael Newman, The 22 Irrefutable Laws of Advertising

2.2007 年，http://www.coloribus.com/adsarchive/outdoor/burger-king-embarrassment-10851855/

3.Korea McDonalds Ads https://www.youtube.com/watch?v=AKhHRnFiq94

4.https://www.youtube.com/watch?v=Ug75diEyiA0

5.https://www.youtube.com/watch?v=229EoarE84g

6. 2010 年，http://www.coloribus.com/adsarchive/prints/skoda-fabia-rs-a-real-sports-car-but-cheaper-14017255/

7.2008 年，http://www.coloribus.com/adsarchive/prints/harley-davidson-bikes-regrets-12336255/

8.http://adsoftheworld.com/media/print/ipanema_gisele_bundchen_sandals_tattoo_2

9.https://www.youtube.com/watch?v=foOI162Lock

10. 2007 年，西班牙 http://www.coloribus.com/adsarchive/prints/durex_xxl_man

11.2010 年，西班牙 http://www.coloribus.com/adsarchive/prints/samsung-9000-slim-14036105/

12.2007 年，義大利 http://adsoftheworld.com/media/print/procter_gamble_swiffer_2

13.2007 年，http://adsoftheworld.com/media/print/fiat_stilo_skywindow_1

142008 年，http://www.coloribus.com/adsarchive/directmarketing/computer-shop-may-the-dog-fuck-you-11795705/

15.2010 年，http://www.coloribus.com/adsarchive/prints/camper-shoes-beetle-13897055/

16.https://www.youtube.com/watch?v=nBEl9tAF5VI

17.https://www.youtube.com/watch?v=JCAYHuTC5X0

18.2007 年， http://www.coloribus.com/adsarchive/prints/vw-beetle-vw-new-beetle-leather-9847805/

19.2010 年，http://www.coloribus.com/adsarchive/prints/jetblue-airways-standards-13999005/

20. http://www.adforum.com/creative-work/ad/player/56839/

21.2006 年，http://www.coloribus.com/adsarchive/prints/ginger-beer-ugly-old-root-8147905/

22.2008 年，http://www.coloribus.com/adsarchive/prints/unknownadvertiser-citrus-fruits-flavour-11802905/

23.Sensation https://www.youtube.com/watch?v=C0jGSnQ6i1w

24.2007 年，http://www.coloribus.com/adsarchive/prints/vulve-original-entrepirnas-10454605/

25.https://www.youtube.com/watch?v=HOc6Io1yVUk

26.Charal - the best meat https://www.youtube.com/watch?v=ObUdRJzZcLE

27.Crocodile https://www.youtube.com/watch?v=sN2Yx3V9ErI

28.https://www.youtube.com/watch?v=ESZq5fHVZQY

|32| 有特點強調特點 無特點創造特點

上一篇我們藉由品牌之定位、價格、血統特點，外觀之尺寸、大小、形狀、重量特點，內在之結構、配備、成份、原材料案例來分析產品差異化，清楚說明差異化是找出不一樣，把不一樣結合消費者的利益，比競爭者強，如此不一樣才會是特點。本篇由功能包括績效特點，繼續來看世界各國的手法。

功能特點案例

True love lasts forever1，Bic 麥克筆希望消費者看清楚阿婆胸口的簽名，從少女簽到老都洗不掉，以此表示功能獨特。行銷人不必懷疑阿婆年少時是否已有 Bic 麥克筆，這是功能差異。

功能特點若因外觀或內在差異，而產生不同功能，推銷話術或訴求之說服力就比較強，例如桂格大燕麥片如左下 The cholesterol hunter，訴求具有降低膽固醇的效用，其尚提出研究數值當佐證[2]。

但有時因外觀或內在的差異難以簡單說

明清楚，或不盡然有表達的價值，一般就直接以所顯示的功能或效果訴求，直接差異化。為提升說服力，此種做法大皆採感性訴求。如法國 Virgin radio keep fresh girl[3]，強調常收聽，就不會老得太快的功能。Wrigley 在 UAE 行銷 Extra 口香糖，訴求可以把牙齒保護得像牆壁一樣堅固[4]。

德國最大的襪子品牌 Nur die 針對擔心腳部的瑕疵會外顯的女性，強調褲襪不透明，弄來一個會搞錯方向的銀行搶匪[5]娛樂消費者，也凸顯產品特色。

南非 Nashua 事務機器公司推出 Aficio 影印機，強調放大功能，果然放得很大[6]。Sex sell 的訴求有時會被行銷人批評，但行銷烏龜總以為不要太道貌岸然，Nashua 的做法應該比放大大腿更具話題性。美國 Scott 吸油紙訴求除油很有效率 (Get rid of oil effectively)[7]，可惜那隻豬依然光鮮亮麗。

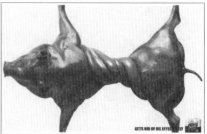

黑白拼命彩色

　　當 Minota、Xerox、Canon 影印列印都在拼命強調色彩鮮艷奪目、繽紛人生的差異時，hp 異軍突起，只訴求黑白。此給行銷人很好的啟示：當一項特點被各品牌輸人不輸陣時，那特點就不再是特點，反倒是不強調該特點者變成有特點。

　　2010 年英國 Canon Pixma 彩色印表機很有藝術氛圍之《Colour sculptures》[8]，產品色彩一向是產品設計的大學問，牽涉到消費者第一眼的感官，在許多產品，也是消費者購買的主要考慮因素，自然形成產品差異化不可或缺的項目之一。

感覺差異的案例

　　男性內褲分成兩類，平口褲主打舒適感，三角褲表現性感。比利時 Mc Alson 號稱是全世界最舒適的平口褲，擺兩粒核桃在枕頭上[9]，令人想很久。捷克 Styx 牌平口褲 (Boxer Shorts)

比較不悲天憫雞，把《公雞》[10] 養在雞籠裡，不但空間小，也沒母雞作伴，說不定會被雞權人士抗議。性感情色是美國 Axe 的品牌定位，其《Stretchy Pants》[11] 的彈性特點，真是不經一番痛徹骨，那來美女抱回家。此為由感覺進行差異化的實例。

感覺差異化加入情色元素亦屢見不鮮，巴西 Instituto Viva Musica 顯現的訴求，果然情色音樂萬歲[12]，無人能比，真正是特點，希望也是優點。美國拉斯維加斯的 Paris 酒店 Everything is sexier，連撲克牌都變得性感有味道[13]，下次去記得要一副。

印度 的 Mbellish 枕 頭 的 訴 求 主 題 為 前 戲 foreplay[14]，可惜的是枕頭太舒服了，前戲來不及開始就睡著了，很有想像力，亦是以感覺進行差異化。前戲來不及開始就睡著，這種「害人」的訴求，是否會影響銷售，行銷人可以不必想太多。

績效特點案例

績效特點要凸顯出我比你強，主要有 4 個途徑：(1) 再自吹自擂，(2) 提出公正的保證，(3) 有人見證，(4) 獲得認證或獎項。而這也是 FABE 話術的 E，evidence 證據，證明 FAB 之說明不是胡扯，老王賣瓜。

　　自吹自擂不是空口說白話，而是能提出可供聯想而產生信任的理由，如美國金百利 Kimberly Clark 之《Science lab》[15]，以實驗室之研發情境來凸顯其另一 Cottonelle 品牌之品質績效，即藉由優質的實驗室讓人聯想其品質是可放心的。

　　下之 Zippo[16] 提供打火機之鏡面保證，又如 VW 的零件服務[17]，其之訴求為 1957 年金龜車的頭燈尚可供應，並不是針對 1957 年金龜車的消費者，而是向現在的消費者說：50 年前的零件，我們還有，你的愛車不會成孤兒。附帶保證是去除消費者購後焦慮的重要策略之一，一般而言，消費者認為保證程度愈高，代表品牌之產品品質愈佳，才敢提供高保證。但消費者對產品保證之信任度，仍會受品牌形象影響，而有所差異。

有一堆就不是特點

　　找人見證最常見就是找名人見證，或是消費者使用前後的比較。以使用前後之對照來顯示整體績效特點，VIP Medicum 美容診所[18] 在烏克蘭，美容前後天地之差，不過此種差異訴求並不高明，消費者已漸了解這是老王賣瓜的見證。真正的績效差異是本牌與競爭對手之比較。服務之差異化有愈來愈受重視的趨勢，不論無形產品的提供或有形產品的銷售皆然。British Airlines 一改以往良好服務只在機上的印象，《upgrade to BA》[19] 訴求把良好服

務帶入群眾，與群眾在一起。

在獲得認證或獎項方面，獲獎當然形成主要特點，其他如通過 ISO、HACCP、TAP 臺灣產銷履歷驗證等相關認證也是，亦包括著名企業或名人購買之用戶証明等特殊銷售事實。2008 年台灣威士忌市場，有一家《獎不完》[20] 的威雀 Famous Grouse，也有一家《九面金牌》[21] 的馬諦氏 Matisse，我們要說的是：獲獎本來是好事，但得太多獎，就不新鮮；太多人得獎，就不是特點，反倒覺得好像獎得很浮濫。

1.2004 年，http://sandeepmakam.blogspot.com/2005/12/true-love-lasts-forever.html
2.2006 年 10 月，BusinessWeek
3.2010 年，http://www.advertolog.com/virgin-radio/print-outdoor/keep-fresh-girl-13919405/
4.2007 年，http://best-ad.blogspot.com/2009/02/wrigleys-extra-ads-wall.html
5.2006 年，http://www.sanjeev.net/nur-die-opaque-stockings-yucca.html
6.2000 年，http://www.advertolog.com/nashua/print-outdoor/david-2008055/
7.2004 年，http://www.coloribus.com/adsarchive/outdoor/scott-towel-roll-pork-6899805/
8.https://www.youtube.com/watch?v=77Ygb15ZwVY
9. 2007 年，http://adsoftheworld.com/media/print/mc_alson_boxer_shorts_nuts
10.https://www.youtube.com/watch?v=aTb7IRoLtQk
11.https://www.youtube.com/watch?v=O7gFGa6NAoo
12.2010 年，http://www.advertolog.com/instituto-viva-musica/print-outdoor/marilyn-14028305/
13.2008 年，http://larryfire.wordpress.com/2008/10/22/everything-is-sexier-in-paris- ads/
14. 2008 年，http://www.sanjeev.net/printads/m/mbellish-comfort-pillows-foreplay-7231.html
15.https://www.youtube.com/watch?v=JTjlC7vrRsM
16.2006 年，http://adsoftheworld.com/media/print/the_world_famous_zippo_guarantee _sky
17.2009 年，http://www.coloribus.com/adsarchive/prints/volkswagen-car-parts-lemon-13526505/
18.2010 年，http://adsoftheworld.com/media/ambient/vip_medicum_beauty_clinic_before_and_after_hostesses
19.https://www.youtube.com/watch?v=sjhWCfs20IY
20.https://www.youtube.com/watch?v=6RHXFguKYD0
21.https://www.youtube.com/watch?v=_SB2CwsCVQI

|33| 創造特點不是吹牛皮

　　經由以上實例，可以了解產品確實是無處不可差異，燕瘦環肥，皆可各領風騷。行銷人永遠要記得：有特點強調特點，無特點創造特點，不然憑什麼要消費者購買，但是創造特點或強調特點，絕對不是吹牛皮。

　　除以上直接與產品有關的實例，通路差異亦是競爭策略的一環。例如網路商城與傳統通路之差異化，也如傳統通路與多層次傳銷之差異化。德國 Jungstil 是一新成立的網路商城，目標市場為年青族群，搞了一段《Bloody women's fight》[1] 的商城喋血，很多人看就想吐，但卻迅速成功打響知名度。

西瓜一定要「很甜」

　　藉由產品分析，找出與競爭對手「不一樣」，再賦予該特點之消費者實體或心理利益，使其成為特點，並比競爭者強的「優點」，此為差異化實務的過程。一項產品若由「大體」找不到外觀或內在之有形差異，便須解剖，掏出「五臟六腑」來比較，若還是找不到適合的差異，則轉以績效、經營、定位等無形差異思考。

　　有些行銷人戲稱要懂得「吹牛」或「說故事」才能做好差異化。我認為這種說法自嘲因素居多，因為沒有一個消費者會接受

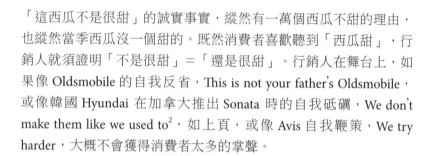

「這西瓜不是很甜」的誠實事實，縱然有一萬個西瓜不甜的理由，也縱然當季西瓜沒一個甜的。既然消費者喜歡聽到「西瓜甜」，行銷人就須證明「不是很甜」＝「還是很甜」。行銷人在舞台上，如果像 Oldsmobile 的自我反省，This is not your father's Oldsmobile，或像韓國 Hyundai 在加拿大推出 Sonata 時的自我砥礪，We don't make them like we used to[2]，如上頁，或像 Avis 自我鞭策，We try harder，大概不會獲得消費者太多的掌聲。

塑造特點的 12 項原則

消費者要看的是反省後、砥礪後、鞭策後的新面貌是不是符合他的利益。而這絕對不是靠「吹牛」或「說故事」而來。以下為我多年來在「有特點強調特點，無特點創造特點」的 12 項經驗，供行銷人參考。

1. 對內特點與對外特點要分開思考。
2. 不論特點是否創造來的，都要架設「合乎想像的橋樑」。
3. 架設「合乎想像的橋樑」，一定要結合消費者購買的顯著因素。
4. 為增強優點的說服力，想辦法提出證明。
5. 沒有的事，絕不能說有。
6. 消費者能感覺到的，或技術能檢測的，絕對要事實。
7. 必須合法。
8. 講大聲者才有特點。
9. 鴨子一隻勝過蚯蚓一畚箕。
10. 優點要有競爭優勢。
11. 太多品牌強調同一特點，閃開另創特點。
12. 優點要注入情感，或與消費者親近。

創意出合乎想像的橋樑

對內特點與對外特點要分開思考，前揭 Oldsmobile、Hyundai、Avis 等的訴求，比較偏向企業內部業務人員或員工或經銷商訓練，提升士氣用的教材，拿來當消費者推廣訴求，應該要調整角度。使用第一、最老、最大等有優勢的特點時，也同樣要細思對消費者有何利益。

以印尼 Tiki 物流的訴求 Indonesia's No.1 delivery service[3] 為例，消費者可能有兩種解讀，一是「最大的物流公司」，二是「最好的服務」。若是前者，除宣示效果，目的何在？一般總以為銷售第一，代表最多人使用，代表產品有信用；但既有那麼多人使用，為何還須宣示？顯係未用之人並不受已用之人影響或有其他購買考慮。或許應考慮換個餌，才有擴大市場的機會。若是「最好的服務」，送到深山應該不是好的「合乎想像的橋樑」，畢竟對 Tiki 既有市場或擬擴展的市場，深山氛圍對其並無親近感，連接 Tiki 與市場的橋樑功能自不易成立。若 Tiki 真有送貨到深山，把那一行 Indonesia's No.1 delivery service 換成 x 月 x 日送貨到 xx 山的 xx 地，由 xx 收訖，才能讓消費者感動，不 No.1 也不行。

沒有 絕不能說有

第 4 項到第 7 項的經驗，旨在說明行銷人在創造「合乎想像的

橋樑」之過程，免不了把 1 多加一個模糊的 0，但切記沒有的事，絕不能說有，如不含半點玻尿酸，卻名為玻尿酸乳液，又大力訴求玻尿酸的功效，此絕不是行銷人所為。再者消費者能摸到、看到、聞到、聽到、嚐到、感覺到的，或技術能檢測的，絕對要事實不能隨意創作。如有些數位相機之訴求：畫素愈高，拍出來的照片愈漂亮；其實這是錯誤的，雖然消費者對此深信不疑，但行銷人能免則免，動動腦，應該還有其他更犀利的差異訴求才是。

左兩者皆為桂格產品，一為高鈣維他命奶粉，訴求「吳念真最驕傲的是 -- 兒子長的完全不像他」，「選對奶粉，歹竹出好筍，他兒子每天兩杯高鈣維他命奶粉」。結果被一狀告進公平會，謂：吳念真的兒子已十幾歲，高鈣維他命奶粉上市並未十幾年，何來每天兩杯。

另一為大燕麥片，訴求只要30天輕鬆降膽固醇，既然明確表示「30天」及「降膽固醇」，就必須有具體可信之佐證，才合法令規範。

特點是先講先贏

前述 7 項為製作差異化的基本原則，在差異化完成後告知消費者的實務操作，有 5 項可供行銷人參考。「特點」是本牌有，他牌

沒有；但在行銷之動態競爭過程，他牌如果也發展出來，且廣告量大很多，該特點就很可能變成他牌的。萬一該特點為消費者購買的顯著因素，該特點可能翻轉為他牌有，本牌也有。不但影響銷售，也影響定位。

特點先講先贏，或講大聲者贏，不必在意同一特點，競爭對手已推出，要在意其是否已大聲講出去，若尚未然，大聲講出去就成你的特點。

鴨子一隻勝過蚯蚓一畚箕

在差異化的過程，行銷人可能會找到不少可以發展成優點的特點，不必急著要將全部優點一口氣告訴消費者，一方面是留一些未來競爭用，二方面是消費者的腦筋一下子也裝不了太多，如前揭 jetBlue，右為其不同特點訴求[4]，雖然一特點一訴求，但同時推出好幾個特點，有些散彈打鳥。所謂鴨子一隻勝過蚯蚓一畚箕，即 jetBlue 在那麼多特點中，應找出並主打最具備競爭優勢。

jetBlue 的特點一口氣精銳盡出，萬一其他品牌亦隨後提出，或幾個品牌也強調同一特點，jetBlue 原有的競爭優勢可能瞬間變調，但又閃不開，因已無另創特點的能力。

要能引起消費者的共鳴

由特點轉化為優點，要能引起消費者的共鳴，才能對品牌及銷售有幫助。這也是整個差異化最重要的部份。消費者千百種，縱然 STPD 策略已有市場區隔，但同一目標市場中還是有的愛吃葷，有的要吃素。要能引起不同個性者共鳴，訴求注入情感因素，讓消費者感覺親切、好玩、知性等，就比較可以不受限消費者口味。

還是要再三強調，特點雖可能有很多是創造出來的，但絕不能吹牛耍嘴皮，否則在 internet 上，你可能馬上被「起底」。

1.https://www.youtube.com/watch?v=mIcBgYxTlrI

2.2010 年，http://www.coloribus.com/adsarchive/prints/hyundai-sonata-we-dont-make-them-like-we-used-to-do-13914755

3.2010 年，http://adsoftheworld.com/media/print/tiki_sniper

4. 更多，請參閱 http://adsoftheworld.com/media/print/jetblue_airways_tall

|34| 信任的 USP 與溫度的 ESP

　　訴求與推銷話術是同一件事，訴求一般是以媒體為工具，推銷話術則是經由業務人員傳達。兩則差異在推銷話術可長篇大論，訴求則是提綱挈領。但對網路媒體而言，兩者可得兼。

　　以上各章出現很多各式各樣的廣告訴求，有興趣的行銷人無妨回頭再玩味，以和本節結合，相信會有更多啟發。

USP 與 ESP

　　訴求或推銷話術以往著重在有無塑造出獨特賣點 (USP, Unique Selling Proposition)，但隨著消費者對產品資訊愈來愈熟稔，太過老王賣瓜的行銷手法，漸失優勢。起而代之的是情感賣點 (ESP, Emotional Selling Proposition)，也就是將情感因素注入 USP，讓消費者同時喜歡品牌及產品。

　　就如來自斯洛維尼亞的 Paloma 衛生紙[1]，屁股感謝衛生紙給他乾爽，衛生紙也感謝屁股給他存在價值。本來可能沒有 USP 的 Paloma 衛生紙，變得很有 ESP。斯洛維尼亞 Slovenija 是由南斯拉夫獨立出來的國家。

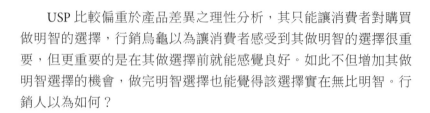

USP 比較偏重於產品差異之理性分析，其只能讓消費者對購買做明智的選擇，行銷烏龜以為讓消費者感受到其做明智的選擇很重要，但更重要的是在其做選擇前就能感覺良好。如此不但增加其做明智選擇的機會，做完明智選擇也能覺得該選擇實在無比明智。行銷人以為如何？

一流產品的理性享受＋非產品的感性享受

Starbucks 是咖啡專家，McDonald's 是漢堡專家，Kentucky 是炸雞專家，Subway 是三明治專家，此些品牌在各自的市場獨領風騷，消費者也都認同他們都是專家。由前面各章，可以觀察到 McDonald's、Starbucks 比較以知性、歡樂等情感因素貫通其賣點，將產品專家的特質昇華，不但與消費者更親近，並進而感動消費者。而由 Kentucky 《So Good》[2] 與 Subway 《Eat Fresh》[3] 訴求以觀，似乎尚停留在產品專家的 USP 理性思考中。

若只是產品專家，在每推出一項新產品時，就都必須努力推廣促銷，這是所有產品專家所須面對的難處。其在產品與專家 (品牌) 間似乎缺少一條堅實的精神線連接，這條精神線就是專家除提供一流產品的理性享受外，還帶給消費者什麼非產品的感性享受。

很多行銷人常有到鐵板燒餐廳的經驗，有的師傅會一面烹煮，一面向消費者訴說其為何要如此烹煮，材料來自那裡，那裡有何人文地理的特色等等。行銷烏龜也從消費者的滿意調查發現，訴說愈獲得消費者認同者，消費者對產品的滿意度也愈高，也就是說消費者將非產品的享受，加分到產品的滿意度上。

USP 可建立消費者的信任

在品牌發展初期，將重力置於產品訴求，以取得消費者的信任，並紮根品牌形象的基礎，但對已被認同為產品專家、產品龍頭，如果還只專注於產品訴求，而不將當代情感注入，產品專家的形象定位可能逐漸變成古董。

有行銷人以為加入歡樂訴求，找一些消費者蹦蹦跳跳，就是 ESP 的表現。然消費者很快樂，應該不盡然是消費者內心深處的唯一重點。還記得丹麥 jbs 的男人不想看裸體男人 (Men do not want to look at naked men)，這訴求啟示行銷人：Consumer do not want to look at happy consumer。那 Consumer 要看的是誰？應該是快樂的行銷人。行銷人樂在工作，消費者才會安心；行銷人快樂，消費者才會快樂。就如 1930 年代創立，有 1,400 店的英國最大的麵包連鎖店 Greggs 之《The home of fresh baking》[4]，店員樂在工作，客戶自然滿意。

人的本性是喜歡被感動的

訴求的目的在影響閱聽消費者，並望能廣為流傳，擴大影響層面與影響期間，尤其在網路影音愈來愈發達，通訊傳輸愈來愈穩定，消費者接收資訊愈來愈廣泛的行銷環境，不論品牌知名度多低，擁有至少一支訴求，擺在例如 Youtube 上，也不必付出播出費。當然，網際網路浩瀚，若無較強的吸引力，是不會有流傳的。本節提供一些國內外創意，供行銷人參酌思考。

本篇提供的創意，基本上由人的本性及情緒舒解兩方向著手。

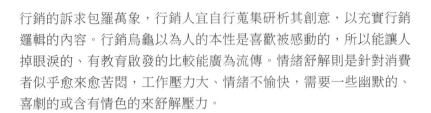

行銷的訴求包羅萬象，行銷人宜自行蒐集研析其創意，以充實行銷邏輯的內容。行銷烏龜以為人的本性是喜歡被感動的，所以能讓人掉眼淚的、有教育啟發的比較能廣為流傳。情緒舒解則是針對消費者似乎愈來愈苦悶，工作壓力大、情緒不愉快，需要一些幽默的、喜劇的或含有情色的來舒解壓力。

2008 年台灣三菱汽車的《爸爸的背回家的路》[5] 是一支能賺人眼淚的創意，與泰國潘婷的聽障小提琴異曲同工。該爸爸的背感性訴求帶出三菱汽車以爸爸的心情關心銷售出去的車子，對品牌形象提升有助益，也以回家的路結合售後保養維修。泰國潘婷的以聽障拉小提琴手所受的屈辱吸引同情，並以奪冠激勵人心。

賺人眼淚最強，但不見得人有太多眼淚

2009 年美國 Travelers 藉《狗》[6] 擔心骨頭被偷的風險，推銷其保險，由一隻新奇又聰明的狗來代言，十足吸引消費者的注意力，和印度 Vodafone 之《Happy to Help》[7] 各異其趣。

挪威 Stratos Chocolate Bar 在 2002 年推出《Need a partner》[8]，訴求是小孩可以獨立協助家事，但一個人孤單，希望父母放心多生一個來作伴。其中小孩準備晚餐，所顯示的教養，令許多家長感動。整個超可愛的故事結合了 DMU 概念，但 Stratos 產品只在最後一閃出現。

kuso 無厘頭一下也很 ESP

舒解情緒及壓力的方法因人而異，幽默帶些無厘頭，無傷大雅

的含些情色或爭議性，咸認是轉移或消除
苦悶的好創意。右為北義大利 Castelverde
之 Antica Costese 餐廳，訴求鎮上最大披
薩[9]，行銷人以為幽默嗎？

2009 年，美國 Doritos 洋芋片為凸顯
可以咬得嘎吱作響，以無厘頭的《Power
of the crunch》[10]來結合產品特點。2006 年，
土耳其 Polisan 油漆的《bedroom》[11] 大概
就是懸疑喜劇片，一位酒醉醒來男士以為
跟別的女人 one night stand，嚇得打電話給太太，原來是重新油漆。
2006 年， Double A 影印紙在荷蘭之《girl on copier》[12]更是充滿爭
議性，Double A 的訴求影響美國《AccuServ copier repair》[13]等很多
影印機相關產品的訴求，不管大屁股小屁股通通爬上去影印，也有
穿花內褲印下來當包裝紙的，可見爭議歸爭議，sex sell 歸 sex sell，
部份消費者似乎也樂此不疲。

1.2000 年，http://www.coloribus.com/adsarchive/prints/toilet-paper-thank-you-2209855/

2.https://www.youtube.com/watch?v=rI.CYSjxvM7Q

3.https://www.youtube.com/watch?v=ae6ETEmx1Ow

4.https://www.youtube.com/watch?v=aqjN6KRz-CU

5. https://www.youtube.com/watch?v=YHUKr6tM34Q

6.https://www.youtube.com/watch?v=lk2B8988ws0

7.https://www.youtube.com/watch?v=qS8-CLjo-zA

8.https://www.youtube.com/watch?v=LJUjIiphJSU

9.2010 年，http://www.coloribus.com/adsarchive/outdoor/restaurant-biggest-pizza-6849905/

10.https://www.youtube.com/watch?v=7DZao4kN73M

11.https://www.youtube.com/watch?v=Pt5R4Hnw5ok

12.https://www.youtube.com/watch?v=uzL1ZaEHzZ8

13.https://www.youtube.com/watch?v=ZF1TfYPTGl4

|35| 差異競爭攻擊

　　以上是我認為比較具吸引力的 ESP 訴求，當然行銷訴求還有很多方式與角度，值得行銷人不斷去發揮創意。總之，訴求之目的在吸引更多消費者，這就可能牽涉到自競爭者手中搶走消費者，亦即訴求本身就具有競爭性或攻擊性。直接或間接叫陣的訴求實例並不少見，也不分品牌大小，不過一般用於市場占有率小者對大者之挑戰，真正的市場大牌，如前述的 UPS、Coca-cola、Nike 等較少使用競爭性訴求。

競爭性訴求實例

　　競爭性訴求一般有間接與直接兩種方式，間接競爭性訴求係謂不指名競爭對手，但很明顯具攻擊性或挑戰性。直接競爭性訴求就是指名競爭對手，此訴求在廣告上稱為比較性廣告。不指名之間接競爭性訴求如土耳其之 CNN，訴求呈現一堆記者在訪問 CNN 的記者[1]，雖然沒訴說任何文字，但同業的新聞來自 CNN 的意思已不言可喻，同樣是媒體，互為競爭，CNN 顯然把同業壓下去了。Fleischmann 是巴西的一家生產各種麵粉及材料的公司，他的

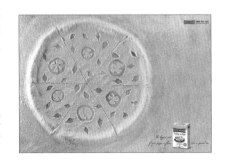

訴求 The biggest part of your pizza is flour. Use a special one[2]，如上頁，一方面挑動與披薩麵粉競爭對手的關係，二方面也宣傳自己有特殊的披薩麵粉；此種訴求不但給競爭對手壓力，也會有對披薩店造成拉式效果。

西班牙 Fabian Martin 披薩餐廳的 Sorry Italy，把義大利國旗降下一半，還加了哀悼符號[3]，原因是 FabianMartin 獲得很多好評價。意思是義大利連其傳統食物都做得沒有比西班牙的 Fabian Martin 好。幸好並未引起義大利不滿，因義大利的解讀是在向 Fabian Martin 表示哀悼。

指名挑戰要真的有料

不指名之間接競爭性訴求是讓競爭對手恨得牙癢，但內容各自解讀、各自表述，基本上是不會有人對號入座。但直接點名則不同，縱然被點名者不回應，通常也會引起媒體討論，尤其是在網際網路。所以敢點名挑戰有一必要條件，即自己的產品要真的有料夠水準，以免被點名者倒打一耙。

百事可樂幾十年來常抓著可口可樂猛虧，可口可樂卻未公開還手過。1995 年百事的《There's nothing else》[4]，兩品牌的業務人員大打出手後，百事每隔幾年就會把可口奚落一下，如 1999 年的《Godfather Girl》[5] 等。2010 年，針對 Coke Zero，百事推出《Display King》[6] 及《Diner》[7]。不過令一些行銷人不解的是 Diner 內容竟然與 1995 年的 There's nothing else 一個模樣，訴求策略了無創新。百

事對與 Coke Zero 競爭的 Pepsi Max 到底有何想法，行銷人無妨拿捏一下。另也有行銷人認為百事可樂長期抓著可口，是否也意味著長期幫可口可樂做廣告、為人作嫁？如果百事長期抓著可口，銷售的基本盤也不斷擴大，至今也應該不小，該走百事自己的特色了吧。

指名挑戰最好單挑

德國 BMW 把幾隻貓放在引擎蓋上，旁邊停一輛 Benz[8]，如右上，用此來對比 Share driving pleasure，雖然不是很凸顯其挑戰的意味，但確很司馬昭之心。但把 Jaguar 的豹逼得掉頭[9]，如右下，就有對幹的意念。不過 Benz 與 Jaguar 並沒有理會。

BMW 是個大集團，產品及各項競爭力不容置疑，品牌形象及市場地位都不是小咖，雖然其廣告策略很多元，但東摸一下 Jaguar，西逗一下 Benz，北挑一下 Audi，四處點火的挑戰行徑，我認為可能不是一項必要的、有利益的策略，行銷人以為如何？競爭不是輕佻，少了上述東摸西逗訴求，應不可能會減損 BMW 的廣告強度與效益。

前述曾提過 BMW 與 Audi 的恩怨，這把火也延燒到香港，Audi 的展示大廳設在一樓，BMW 竟然在其頭上架上大幅看板[10]，有人對 BMW 的游擊戰術表示欣賞，亦給行銷人當頭棒喝：行銷競爭策略沒有情面因素，必要時，不惜侵門踏戶。BMW 這一手真有

肅殺的氣氛，雖然不是很讓人欣賞。但或許挑逗 Jaguar 和 Benz 只是虛攻，真正單挑 Audi 才要開始。

挑戰不要亂點鴛鴦譜

BMW 旗下的 Mini Cooper 車小志氣高，2010 年在美國直接向 Porsche 下戰書[11]，要其自備駕駛員及 911 Carrera S，至 Road Atlanta 賽道與 Cooper S 一較高下。Porsche 頭殼當然沒壞，打贏 Cooper 也沒什麼好光彩。但對 Mini Cooper 而言，創造了新聞，也獲得連 Porsche 不敢應戰的「績效」，只是這種「績效」有多少人認同，就不得而知了。

物流界三大品牌的競爭早已是如火如荼，DHL 及 Fedex 常指名叫陣，UPS 卻老神在在。我的經驗是不論資源多豐富，直接競爭訴求只能單挑一名競爭對手，尤其是在競爭對手家中打架。2006 年，德國 DHL 的《Train》[12] 在美國拳打 Fedex，腳踢 UPS，訴求策略之創意很一流，但行銷關係到企業存亡，不能耍酷，否則該訴求中的平交道管制員大笑，是因為看到一列 DHL 火車被兩旁的 UPS 與 Fedex 貨車夾擊。

一定要合法

每個國家對廣告的管理有不同的標準，尤其對直接競爭性訴求之比較廣告，上述有些在德國是合法的，但在美國就有疑慮。以台

灣之公平交易法為例，對不實廣告的認定，主要依據該法第 21、22
及 24 條，以及「第 21 條案件之處理原則」、「第 24 條案件之處
理原則」、「比較廣告違反公平交易法一覽表」，和針對個別產業
之規範。

1.2010 年，http://theinspirationroom.com/daily/2010/cnn-turk-cameraman/

2.2009 年，http://adsoftheworld.com/media/print/fleischmann_special_flour

3.2005 年，http://www.coloribus.com/adsarchive/prints/pizza-restaurant-sorry-italy-7205905/

4.https://www.youtube.com/watch?v=eli8_Q7lyMM

5.https://www.youtube.com/watch?v=h7R-bR0cW8c

6. https://www.youtube.com/watch?v=mKfwZNGK5N07.http://www.youtube.com/watch?v=dwfPJp1KE78

8.2005 年，http://www.coloribus.com/adsarchive/prints/bmw-cats-7097005/

9. 2006 年，http://mingik.com/wp-content/uploads/2015/08/bmw-ad05.jpg

10.http://www.worldcarfans.com/110042625858/bmw-plasters-massive-billboard-above-audi-hong-kong

11. 2010 年 6 月 6 日 New York Times，http://www.ypsilon2.com/blog/web/mini-utiliza-o-poder-da-internet-para-desafiar-a-porsche-em-uma-corrida/

12.http://www.youtube.com/watch?v=_PV0vWjoY8M

|36| 單點差異攻擊策略

不論是攻擊較大的品牌，或攻擊較小的品牌，行銷烏龜對競爭性訴求的基本原則是集中資源，一次只攻擊一個品牌，容或企業資源豐富。一次只攻擊一個品牌，也就是單點攻擊，最大的好處在於容易設定攻擊策略，以及攻擊績效容易評估。單點攻擊的另一角度是一次只攻擊一個差異點。

猛虎難敵猴群

若一次攻擊兩個品牌，因該兩品牌之產品、價格條件等不盡然相同，攻擊者只以一套攻擊策略，勢必無法針對被攻擊對象之弱點全力施為。縱然攻擊策略確有力道，但未正中紅心，攻擊績效就降低。何況，猛虎難敵猴群，切勿嘗試一打多。

有些行銷人信心滿滿，以為發動攻擊就是踏平對手，這種心態很容易使攻擊策略失焦而失敗。不論是攻擊較大的品牌，或攻擊較小的品牌，主要目標皆可能在「削弱」對方在消費者及通路的影響力。尤其是經銷店的拔樁，將原屬攻擊對象的大「樁腳」搶過來，是行銷實戰中常見的作法，來回的市場占有率差距為兩倍。一次只攻擊一個品牌，若是順利達成攻擊目標，下次攻擊仍可繼續削弱該攻擊對象，也可以另找新對象。

單挑對手

單點差異攻擊在台灣最經典的案例可能是 1984 年上市的 Proton 普騰電視。普騰電視上市時，電視市場日系品牌環視、熱鬧滾滾，忽然間蹦出 Proton 並佩戴「Sorry, Sony」廣告現身，行銷人議論紛紛，都在猜測到底誰那麼大膽，竟敢指名挑戰當時被認為品質最好的 Sony 電視。緊接著「不完整的畫面，能看嗎？」、「你是否在電視裡看過次黑這種顏色？」、「提供 5 年免費售後服務保證」等三個單點差異依序殺出，造成整個市場大震撼。

當時普騰是市場的 nobody，不要說消費者沒聽過普騰，就連電器行老板也搞不清楚。但其由單挑對手及單挑差異特點，確實提供給行銷人幾個經典的啟示：

1. 要指名挑戰，對象就是市場最大品牌，若對象不是最大牌，會讓消費者覺得也不過爾爾。
2. 引起市場注意及議論後，立即展示差異實力，不能拖泥帶水，擴大挑戰話題的效應。
3. 展示實力，就必須真的有料，品質及服務必須較被挑戰者強，

且很容易訴諸消費者之實體及心理利益，塑造消費者的信任。

4. 真的有料，被挑戰者通常不願回應，一方面可能吃力不討好，二方面也不想陪 nobody 玩耍。

單挑差異特點

單點差異攻擊是產品差異化的重心，普騰電視要找出多項與他牌的差異，自非難事，但其單挑「沒頭沒尾」之特點攻擊競爭對手；另又由一般電視強調色彩鮮艷中，單挑出黑色，攻擊對手的黑色是「次黑」，與前揭之 hp 印表機的訴求同一方向；最後再以較長之保固期間來安消費者與電器行對新品牌的心。這種一次一特點的做法與行銷烏龜主張之「鴨子一隻勝過蚯蚓一畚箕」的道理一樣。

發動攻擊，一次只單挑競爭對手的一個痛處。或許對手的痛處很多，但不要想在一個訴求裡，一次說完千言萬語。行銷人宜認清：不是每位消費者都那麼愛讀書。即使一次將本牌的優點、對手的缺點全數講完，也並不是每位消費者都那麼好記性。拜貢 Baygon 或許很強，可以殺很多，但只要能殺蜘蛛人的一隻手[1]不就夠強了嗎？何必要殺死蜘蛛人，何必要再加入蟑螂蚊子？

差異攻擊前的帶路雞

推銷人員的話術也是一樣，口若懸河將競爭對手的痛處，由一
到十淋漓一頓。經銷店或消費者的「頭腦版面」不見得容得下，即
便容納得了，第一點的說服力可能還強，到第十點，邊際說服力可
能就弱到不行。萬一其還不買，再次拜訪就會陷入不知說什麼的困
境。在網際網絡上的表現，雖無版面及時間限制，行銷人可以盡情
揮灑，但仍然不須將本牌的優點、對手的缺點比較全數展開，記得
抓住消費者之實體及心理利益，鴨子一隻，勝過蚯蚓一畚箕。

前面提到下右三陽喜美之 Hondamatic 與 Automatic 比較，若單
一觀之，可能不知所云。但若由其整體行銷策略以觀，則興味無窮。
1977 年，三陽喜美上市，第一炮打出「不要相信推銷員的話」，震
撼了行銷界與汽車界，話題在新聞版面延燒近一星期，吸引了消費
者的注意。接著「你若不願被陌生人攔車，請選擇純自用車 -- 喜
美」推出，以惡行惡狀的畫面連接陌生人，摻入恐懼性訴求，並配
合計程車車種的統計，以「純自用車」差異將裕隆及福特打入計程

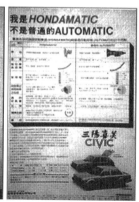

車，真是超級犀利。後再以 Hondamatic 定位，並將其他對手稱為
Automatic，進行多項目的差異比較。

要進行差異比較或攻擊前，為不讓消費者覺得唐突，通常須先
塑造話題，才能提高差異化結果之説服力。普騰電視 Sorry Sony 一
下，造成敢挑 Sony，應有兩把刷子的印象；接下來的特點或差異
點說明，自然有較高的被相信度。

從以上普騰電視及三陽喜美上市之 campaign，行銷人對差異
化時機的掌握將更清晰。差異化不是突然出現，就好像追女朋友，
突然無緣無故告訴女生你在那幾方面比她的現任男友好，可能會被
當成瘋子。但若事先有舖排，不著痕跡地讓她接受要當她男友應有
的條件，再端出你與她現任男友的差異比較，你的市場占有率就容
易突破零了。當然，事先舖排之當她男友應有的條件其實是由你依
自己的條件訂做，也是進一步要做差異比較的內容。行銷人以為如
何？

1.2005 年，http://sandeepmakam.blogspot.com/search?q=baygon

|37| 緣生諸法 沒有自性

　　綜合前面所說的差異化與訴求，就是行銷很重要的 STPD 策略的一部分，其中包括行銷環境認識之認識消費者、競爭對手，以及自己。行銷人如能讓 STPD 策略形成行銷邏輯，不論是環境認識的對象或策略運作，思考上就會連成一氣，你儂我儂。

憑什麼要消費者購買

　　差異化是小品牌的主要競爭策略，一如前述，如果沒有不同，如果沒有比競爭對手好，憑什麼要消費者購買。這是行銷人應有的逆向思考，行銷人不能以自己產品及經營為出發點，自我感覺良好；要由消費者的利益反思，要由競爭對手的立場反思，調和消費者與自己的利益均衡，而此利益均衡亦須同時具備能突破競爭對手防線之效果。所以，只要不是市場超大的品牌，都叫小品牌，都不能忘記「有特點強調特點，無特點創造特點」的基本原則。

　　中國廣東省中山縣有人養殖瘦身魚，別人是賣肥魚給市場，他偏把肥魚買來，放到養殖池瘦身減重，再賣給市場，大家都等著看他笑話，結果他成功了。他的差異化理念很簡單，就和飼料雞及放山雞一樣，魚兒肥頭肥腦，吃起來沒有口感。

龜龜縮縮就不要做行銷

　　既然要差異化，不論指名挑戰或只凸顯特點，就不要龜龜縮

縮。Peugeot RCZ 不是一部見不得人的爛跑車，有膽抓 Audi TT 和 Porsche Carrera ＋ Cayman 來，就不要把人家的品牌和車款名稱都變了一個樣[1]。消費者一眼就可看穿 Peugeot 這兩訴求是針對誰，反而會以為 Peugeot 不敢面對競爭對手？

我所經歷過的行銷實務，強調單點差異攻擊，一次只攻擊一個對手，一次也只強調一個差異優點。但這並不意謂必須放棄其他的競爭對手，放棄其他的差異優點。單點差異攻擊是著眼於攻擊對象及差異優點的優先順序，而非放棄某些競爭對手或差異優點。是因勢取捨，而非放棄，只為發揮有限資源的最大效益。不一次用完也可使企業因須隨時注意競爭對手的動態及自己的 SWOT，而活在競爭的動力中。

行銷人活在競爭中是一件非常要的事，為了不輸，就會產生動力，驅使自己不斷蒐集、研讀新資訊，思考兩難議題的最適策略，充實活化自己的行銷與經營邏輯。行銷人若散發出競爭的動力，也必影響到業務人員的推銷心態與效率。而行銷人所率領的團隊也會像 2009 年英國 t-mobile 的《Life's for sharing》[2]一樣，隨時都能即興演出一齣好戲，不論是文的或是武的。這是行銷烏龜的深刻體念。

諸法由緣而生 沒有自性

連續舉了很多的實例運用，闡述 STPD 策略，不過還是要再三提醒：這些實例只是用來說明認識消費者、認識競爭對手，以及認識自己的資料；這些實例都是昨天的創意，明天的戰爭不一定能用；這些實例的創意都有其時空背景，行銷人可以咀嚼並吸取其精華。吸取的精華融入行銷人的「認識環境 縮短距離」邏輯中，當思考行銷策略時，很多創新就很容易油然而生。不要執著，「諸法由緣而生 沒有自性」。

行銷創意也好，創新行銷也罷，也不要認為是很傷腦筋的事，或許 Comedy Central 可以給行銷人不錯的啟示。Comedy Central 是美國有線和衛星電視著名的喜劇節目，2007 年在德國開播，一系列的訴求 3 都引起不小的共鳴。例如把希特勒上下的毛剃成一樣，就會有喜感賣點。把香蕉皮移到樓梯口，一開門就滑倒比走了幾階才滑倒，更為緊湊，更容易抓住消費者的心。一點點小改變，就是大創意；很多行銷的輸贏都不是大部頭、大卡司，反倒是思考的一些小改變。

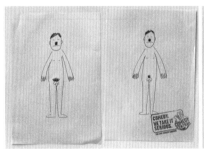
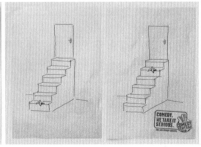

　　不論用什麼策略、什麼訴求，帶給消費者快樂的滿足大概是歷久不衰的方向。不要以為便宜賣，賣好東西，消費者就快樂；那只是行銷的 USP 本份；要加入情感 ESP，消費者才真正快樂。

1.2010 年，http://www.skiddmark.com/2010/11/26/peugeots-sports-coupe-in-french-ads-poke-fun-at-odi-and-paurche/
2.http://www.youtube.com/watch?v=VQ3d3KigPQM
3. 2007 年，http://www.adeevee.com/2007/04/mtv-networks-co-mtv-comedy-central-channel-banana-hitler-rake-print/

|38| 創意＋流傳 = 溫度 = 行銷

　　話題不是有內容、有主題就算數，要成為話題，必須有創意及流傳兩大基本要素，沒有創意就不是話題，沒有流傳也形成不了話題。前揭各篇有很多具創意的訴求，有些形成話題，例如福氣啦、牛肉在那裡的 Where is the beef；有些則在消費者的記憶中消失，其差異則在是否在被訴求對象中被流傳。

讓人想不到的創意

　　形成話題的首要條件是有創意，就好像品牌要長期屹立，產品的品質絕對要受信賴。行銷人設計創意有以下的原則可供參考：
1. 方向可以是挑戰禁忌、賺人眼淚、令人捧腹、懸疑出奇等。
2. 不論是驚世駭俗或禮義廉恥均無不可，但避免扭扭捏捏。
3. 既然是創意，就是以前少見的。
4. 與產品或品牌形象有牽連的。
5. 有反差衝擊，深入內心的，比較容易有話題。

性感是驚世駭俗的共同溫度

　　性或性暗示幾乎充斥驚世駭俗創意的大部分，令人有時也想不通，不管產品與性有無關係，都要扯上性或性暗示，而且性或性暗示的題材好像用之不竭。就如同在路旁賣檳榔的西施，要清涼才有勁；在展場賣汽車的小姐，也穿很少來吸睛。或許，性或性暗示是不同年齡、性別、種族、所得、職業、教育程度間的共同話題。

驚世駭俗是引起話題最常見的手法，為造成討論與震撼，就完全不能有禮義廉恥或扭捏做作的思考，下左為法國付費電視 Canal+ 的 Serge Gainsgourg 音樂會訴求 [1]，五線譜上長滿了做愛的豆芽菜；下中為比利時 Chantelle 仙黛爾內衣的 push up 訴求 [2]，不要讓內褲露一截在外納涼；下右是韓國的丁字褲，還好有一支 Chupa Chups 棒棒糖栓住 [3]。

如果真要講創意，日本的《Sagami Original》[4]、肯亞的《Trust》[5] 就是以前少見的經典。一般保險套以激情訴求為主，只是激情的方式不同；Sagami Original 及 Trust 反由不激情、不驚世駭俗的角度出發，引人入勝。這給行銷人的啟發是：創意不但是差異化，而且角度必須不同。

有點色又不會太色

Playboy 創造話題，其雜誌封面也提供給 SEAT 汽車在德國塑造話題，如下頁左 [6]。Zoo York 是美國著名滑板品牌，推出新滑板不

稀罕，但把美國頭牌 AV 女優 Jenna Jameson 印上滑板，並推出下右之特異功能訴求 [7]，不成為話題也難。

　　2001 年，丹麥 Topdanmark 保險的《That's the way I like it》[8]，跳脫褲舞跳得索然無味，最後的貓叫，帶出創意，也提醒消費者要買保險。荷蘭有線電視 uw kabelbedrijf 在 1999 年推出《Stier》[9]訴求，描述小孩戶外教學，看到野牛脫紅衣防攻擊，也平淡無奇，但最後的狡點眼神，大大凸出創意，也帶出其電視節目的趣味性。2006 年荷蘭菲士蘭 Friesche vlag 奶油球的淋浴、搖屁股鏡頭都沒看頭，《Easy open》[10] 順著浴巾滑落而射出，才是創意的高潮。先吊胃口，結論令人捧腹或會心一笑或哭笑不得，都是創意的必要。

　　脫紅衣可以避免牛的攻擊是幾十年刻板印象，其實牛是色盲的，使牛感到不安而猛撲的並非披肩或紅色，而是鬥牛士舞動的動作。這很有啟發，性或性暗示可能是幾十年難以啟齒的禮義廉恥，好像鬥牛士的紅披肩，行銷人優雅的舞動創意，讓消費者衝向紅披肩，栽入紅披肩後的產品線。

色的程度看市場需求

啤酒以美女表現性或性暗示為行銷訴求，並不驚世駭俗，2006年，保加利亞的 Ariana (Apuaha) beer(現為 Heineken 旗下品牌) 請來歌手 Maria 表演《Beer open》[11] 絕技，不但形成話題，Maria 也被封為 the beer opener。宣傳愛滋病防護以性或性暗示為訴求，也很正常，但像荷蘭 safesex.nl 2006 年的《prevención AIDS-SIDA》[12] 手法，真虧有那位空姐妖嬈笑，確實大有畫龍點睛創意之妙，還好空姐同業沒有提出抗議。

以性或性暗示為訴求，連澳洲 Mrs. Mac's beef pie 都不落人後，不知吃了其牛肉派，是不是也像其 2010 年《Car washing》[13] 訴求，回眸一笑，差點吐出來吊足別人的胃口。手錶定位為 extremely sexy watch，凸顯配戴者的性感，這是好事一椿，但 2003 年西班牙 Paul Versan 新錶上市，卻是小公狗巴著性感錶《make love》[14]，引喻之深，連孔子都要唸阿彌陀佛了。

賣牛肉派的找人來洗車，賣車的找 Playboy 來加持，性或性暗示確實是各種產品的共同語言，是否挑戰禁忌，則視各國市場之社會、文化背景環境而定。Comviq 電話預付卡 2002 年的《bonus for every call》[15]，或許很符合瑞典的市場環境，很多亞洲國家的消費者可能還消受不起，不過真的是精彩的創意，才能剛躲進衣櫃，又爬出來。

真正厲害的非英國 Elave 保養品莫屬，2007 年推出的《nothing to hide》[16]，全部男女都全裸，沒有任何遮掩或閃避，堪稱異數，網路上也同意其存在，不以露出性器官而禁止，此大概與其產品強調

「純淨」有關。

挑戰禁忌的創意溫度

雲想變鳥，鳥想變雲。自古以來，社會的許多事務都有無形或有形的框框，人類想要突破的慾望一直未斷，因而爭議也迭起。爭議愈大表示市場愈大，在與定位或目標市場相符下，爭議常為行銷人用來做為挑戰禁忌的話題創意。

2002 年，台灣耐斯 Feeling 菲玲精油沐浴乳的《停水了》[17]，全裸女子於車頂上沐浴，使用打火機觸動消防灑水系統，被新聞局認為這種呈現方式，未傳達社會主流健康價值，反誤導大眾為一己私利，竊用公用資源，且有危害公共安全之虞，而在公共場所裸浴也涉及公然猥褻，違反廣播電視法第 21 條之公共秩序及善良風俗，因而罰款。

找牛頓和白雪公主不用代言費

挑戰禁忌的創意也如英國 Smirnoff 伏特加以青蘋果調味的雞尾酒飲料，Old story new twist，牛頓改行賣青蘋果[18]，公然吃牛頓的豆腐。來自巴西的 Melissa。特殊塑膠質地鞋子，是追求獨特個性、時尚活力、舒適又充滿女人味的品牌。有人說，Melissa 鞋聞起來像童年泡泡糖的味道，因此也被稱為糖果鞋或果凍鞋。

難怪與七個男人一起生活的白雪公主也 Step into a new world[19]，開始露大腿。

　　善於物化女性的日本，2000 年萌芽出女僕餐廳創意，台灣約晚了 6-7 年，服務生扮演的女僕，長髮短裙かわいい極了，輕聲細語，東一句「主人」，西一句「主人」，彷彿讓人走進飄飄然世界，滿足了宅男族之心靈饗宴，多少帶有挑戰現實的意味。繼女僕餐廳後，2009 年風聞日本出現內褲餐廳[20]，但真讓人失望，其只是 Banpresto 在秋葉原舉行的成人 USB 玩具 Shaking Hip 發表會現場而已，扮演的女店員都穿著和玩具一樣的藍色條紋褲，招待來客免費喝飲料，如下。

男人應該更勇敢

　　英國 French Connection(FCUK)，以生產高品質的男裝和女裝著名。Are you man enough 的 2010 年創意[21]，也夠挑動男人的衣著神經，男人應該更勇敢，裝上鬍鬚戴著兔崽帽，出門嚇自己。

　　挑戰社會的各項事務之創意，容易形成話題，這其中也包括揶揄或挑戰已是市場上的權威品牌，1984 年的蘋果電腦 Macintosh 挑戰 IBM 的《1984》[22]，試

圖打破 IBM 在電腦的權威地位即是。

2011 年開年，Audi A8 即以《Good night》[23] 揶揄 Benz，晚安告別奢華的舊思維，早安迎接科技的新時代。雖然，Benz 的畫面只是很短的一瞥，但卻也引發很長的議論。印度 Indian Express 報紙 2008 年的《100% steel 0% gas》[24] 訴求，就是批評其他報紙愛放屁，挑戰的意味很濃，但不容易變成話題，因被喻為放屁的媒體不會登不放屁的新聞。

光怪陸離的創意

現代社會的創意真的無奇不有，有人愛放屁，就會有人生產放屁治療藥，如右之瑞士 Novartis 的 Gas-X[25]，全部的演員都閃到一邊。

其實還有更光怪陸離的創意發想，轉個身，雞就熟透了，好像變魔術，這是 2006 年西班牙 Ann Summers 情趣用品的《Dinner hot lingerie》[26] 傑作；性感品牌 Axe 2010 年請來網球好手 Monica Blake 幫忙《Clean your balls》[27]，連老人家皺皺巴巴的 balls 都可恢復黑金飽滿，難怪 Ann Summers 與 Axe 兩品牌一直被談論。

Chapter 7
知道你是什麼，才能接納你的溫度

1.2007 年，http://www.coloribus.com/adsarchive/prints/unknownadvertiser-gainsbourg-10409505/

2. 2007 年，http://adsoftheworld.com/media/print/chantelle_pushup

3.2008 年，http://www.coloribus.com/focus/chupa-chups-creative-ads/11261855/

4.http://www.youtube.com/watch?v=jsaPy2VUmbU

5. https://www.youtube.com/watch?v=5dgyKiCe3xQ

6.2008 年，http://www.advertolog.com/seat/print-outdoor/access-playboy-10892055/

7.2008 年，http://www.trendhunter.com/trends/skateboard-deck-jj

8.http://www.youtube.com/watch?v=lE5aRIwbrHM

9.http://www.youtube.com/watch?v=Bwes2TNr_ss

10.http://www.youtube.com/watch?v=jkiez54yOoE

11.http://www.youtube.com/watch?v=jmrN-TjIUTI }

12.http://www.youtube.com/watch?v=8t_oVu07_vM

13.http://www.youtube.com/watch?v=OmjleSM_Pjo

14. https://www.youtube.com/watch?v=nnD7FbYUphA

15.http://www.youtube.com/watch?v=GNUmjd9bcOE

16.https://www.youtube.com/watch?v=4JZTH9-teeQ

17.http://www.youtube.com/watch?v=OUOYfC1O188

18.2006 年，http://adsoftheworld.com/media/print/smirnoff_green_apple_twist_newton

19.2007 年，http://www.coloribus.com/adsarchive/prints/melissa-snow-white-10283855

20. http://www.ixbt.com/news/hard/index.shtml?12/19/67

21. http://beforeitsnews.com/media/2010/10/french-connection-man-should-be-brave-197515.html

22.https://www.youtube.com/watch?v=2zfqw8nhUwA

23. https://www.youtube.com/watch?v=AjrXIdzCj50

24.http://www.youtube.com/watch?v=OLueeuPqulw

25. 2009 年，http://www.coloribus.com/adsarchive/prints/gas-x-mantle-13140205/

26.http://www.youtube.com/watch?v=g--BbUFoQzY

27.http://www.youtube.com/watch?v=mPwhMoQBg_8

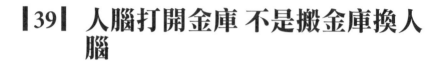

|39| 人腦打開金庫 不是搬金庫換人腦

看完前面的光怪陸離，我們來看一些有用有趣、可愛感性、幽默搞笑的創意。但行銷烏龜還是要嘮叨一下：這些創意不是用錢堆起來的，而是行銷人用腦力創造出來的。

有用有趣的創意

畢竟消費者對酸甜的喜好不同，引起話題並不一定非驚世駭俗不可，不拘年齡、性別、種族、所得、職業、教育程度等的另一共同話題為真正前所未見、有用、有趣的創意，或是幽默噴飯，或真誠能賺人感情的創意。幽默博君一笑或令人噴飯之創意比較常見，真誠能賺人感情的創意因牽涉到劇情編排，並不多見。

Sony 的 Playstation2 在馬來西亞重新打造巴士站，設置佈滿泡泡紙的牆面[1]，讓等車的人捏按，伴隨嗶啪聲消除無聊，連接 PS2 產品的體驗樂趣。

汽車模型知名品牌 Hot Wheels 利用墨西哥的人行陸橋設置戶外廣告，小孩趴著笑看熙來攘往的汽車，猶如身歷汽車模型情境，創意生動又凸顯產品屬性[2]。德國人力銀行 Jobsintown 推出 The ass kisser project[3]，該創意的話題力量不小，從人潮就可以看出找工作真的不容易，連肛門都要鑽。

搬金庫換人腦不是行銷人所應為

行銷人從上述三例，應該可以很清楚體驗到創意是以人腦打開金庫，不是搬金庫換人腦。Extra smile 是 Wrigley 口香糖在許多國家與飲品品牌合作推出的活動，目的在提高其 Extra 產品之潔白牙齒知名度，右為其將牙齒貼紙附著於星巴克咖啡杯的案例[4]，由於創意非常明顯，且與知名飲品配合，銷售也因此增加。只可惜，該創意竟與 Toronto Plastic Surgery Hospital 2005 年的創意[5]有雷同。同樣發生創意相撞的還有 2005 年丹麥 Danish bacon

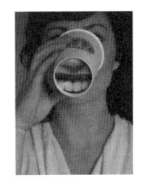

的《Breakfast》[6]，非常巧妙的將早餐的培根、土司等化身為變形金剛，尤其屁股那兩片蕃茄更是可愛。但被認為與 Citroen C4 同年推出的《Warm up》[7] 變形金剛相似，而不得不停播。然類似的變形金剛在早期的漫畫及卡通已非常受歡迎，誰抄誰，其實很難說。

為在不景氣中創造的新話題，日本 Hinimaru Limousine（日之丸）在 2010 年電氣紀念日推出新服務創意 Zero Taxi，如下左，以綠色塗裝俗稱電子小金剛的 Mitsubishi iMiEV 零污染電動車為計程車，在東京千代田等辦公區中穿梭，司機是女性，對乘車安全大大加分，深獲 OL 的喜愛。

M&M 巧克力在荷蘭訴求 Communication just got Sweeter，為推廣 M&M 個人化，如上右，以 M&M 巧克力為鍵盤[8]，消費者可到其網站，鍵入姓名，送一份禮物給朋友。整個訴求創意充分結合推廣目的與產品特色，自然形成有助銷售的話題，也獲得 2008 年 Epica 金獎。

可愛感性的創意

可愛、感性要引起共鳴才能成為話題，因其牽涉到劇情編排，以及真誠演出，故創意要成為訴求，有些難度。然一旦成功，流傳的時間會比較長。印度 Vodafone 的《Happy to Help》[9]、泰國潘婷的《聽障提琴手》[10]、台灣三菱汽車《爸爸的背》[11]、台灣雀巢咖啡《再忙也要跟你喝杯咖啡》[12] 等，行銷人還記得嗎？

The foundation for a better life 在 2009 年推出《Encouragement pass it on》[13]，描寫一段真實故事，一位鋼琴家上台，發現一名小孩已在演奏一閃一閃亮晶晶的 Twinkle twinkle little stars，最後鋼琴家的一句 Good Job，明確表達出將鼓勵傳承下去的訴求。泰國 Shera 纖維水泥板 2007 年的壁虎《Love story》[14] 創意，描繪兩隻相愛的壁虎因天花裂痕的殉情情節。此兩訴求創意均甚感人肺腑，易引起共鳴，而成為話題。

另一泰國實例來自 2006 年泰國人壽保險 Thailife 的《The Girl》[15]，描寫一位父親對女兒未婚生子的心情轉折，單單從 Youtube 的觀看次數超過 40 萬人次，便可確定創意愈感人愈容易被流傳。在 Youtube 約有 7 千萬觀看次數的法國 Evian 礦泉水 2009 年《Roller baby》[16]，雖不賺人眼淚，但卻討喜無比。

幽默搞笑的創意

相較於真情流露的感性創意，幽默搞笑比較容易創作，然由於已有太多創作，而且不同消費者對幽默、搞笑的反應不一，要找到獨特，能搔到笑筋的笑點，也變得有些難度。法國 Soöruz 是休閒、

衝浪服飾的品牌，找來風
箏滑浪高手 Florian Daubos
裸奔，還註明他經常穿
Soöruz[17]，真是國王新衣的
搞笑，不過抓鳥的動作就見
仁見智了。印尼 Panasonic
鼻毛機更是老少咸宜，利用

戶外電線穿過鼻孔，逗趣幽默的創意 [18]，如上，真是創意中的創意。

阿根廷人喜歡搞笑，2000 年 Herba 天然飲料的《Natural is what
suits you best》[19]搞笑得有點情趣；2002 年 Banana boat 防曬乳《Beware
of the sun》[20] 就純搞笑，消費者可能就笑笑而已，但這是坎城銅牌
獎。

荷蘭 Centraal beheer 保險的《Adam and Eve》[21]，2008 年，讓保
險業多了一項業務；2006 年，波蘭 Getin 銀行之抵押貸款業務以《Sex
virbrator》[22] 擂茶，提醒消費者趕快辦貸款，真是菩薩心腸。

日本人做事一向《No joke》[23]，2008 年 Keo 啤酒在不開玩笑中
搞笑，分不清有品沒品；2002 年，古靈精怪的貓忽然倒地，有些懸
疑，這是泰國 Plus white 牙刷《Cat》[24] 式幽默。英國馬術首見騎牛
也可以參加，還獲得滿堂彩，Schweppes 飲料的《Bull》[25] 果然不同
凡響。

布希常常被搞笑

Sport factory outlet 向來搞笑，下頁之布希從腳踏車上摔下來超

過一次，戴安全帽保護頭部 [26]，實在大膽，
意思是布希胡言亂語是因為頭殼摔壞掉，哈
哈！多年以前，台灣統一伴點情人梅子綠的
《八里巴黎篇》[27]，聽說是傻到有些白痴，才
沒有正式播出，但或許有其他原因吧！若是
當時台灣市場環境，消費者還不是很能接受
傻到白痴的創意，就給行銷人很好的啟發：
任何創意發想要考慮消費者及時間等環境因
素，而且品牌的地位也不能忽略。

　　品牌地位不是很高的美國 Rolling rock 啤酒，2007 年推出《Foul
ball》[28] 界外球創意，搞笑到極點，連擊 33 個人，也使其話題不斷，
連擊 33 個人是個話題，有歷史淵源的 [29]，真有意思。有人批評該訴
求之文化修養淺薄、耍花招，也被禁止在電視播出。搞笑可能被一
些知名品牌嗤之以鼻，但對市場地位不高的小品牌可能是短期建立
品牌知名度的良藥。

1.2005 年，http://www.marketing-alternatif.com/2005/09/11/sony-psp-en-malaisie/

2.2010 年，http://theinspirationroom.com/daily/2010/hot-wheels-big-boy/

3.2007 年，http://directdaily.blogspot.com/2007/04/ass-kisser-project.html

4. 2006 年，http://www.sanjeev.net/printads/w/wrigleys-extra-smile-cups-882.html

5.http://sandeepmakam.blogspot.com/2006/10/cup-and-cup.html

6.http://www.youtube.com/watch?v=M2uc7I43hvI }

7.https://www.youtube.com/watch?v=wPpXsGTzC1Y

8.2008 年，http://theinspirationroom.com/daily/2008/mms-keyboard-for-personalised-messages/

9.http://www.youtube.com/watch?v=Ibs9gZ7t-X4}

10.http://www.youtube.com/watch?v=n7On4bkqw7o

11.http://www.youtube.com/watch?v=YHUKr6tM34Q

12.http://www.youtube.com/watch?v=H6X6vBjYXUM

13.https://www.youtube.com/watch?v=zb8U3l9XHdY

14.http://www.youtube.com/watch?v=pry9n_MynqQ&feature=related

15.http://www.youtube.com/watch?v=2EuWeJP8A1U }

16.http://www.youtube.com/watch?v=XQcVllWpwGs

17.2010 年，http://adsoftheworld.com/media/print/sooruz_surfwear_florian_daubos

18.2010 年，http://www.coloribus.com/adsarchive/outdoor-ambient/panasonic-hair-nose-trimmer-baldy-13728105/

19.http://www.youtube.com/watch?v=usYrq0CdmCY

20.http://www.youtube.com/watch?v=uAI-AB_fS-0

21.http://www.youtube.com/watch?v=dZgf4N6_7wE

22.https://www.youtube.com/watch?v=qoBDK-Igf2A (關鍵字 Dildo BlenderGreat Ads at ZiiBook)

23.http://www.youtube.com/watch?v=NKYoxOV26Zo

24.http://www.youtube.com/watch?v=YzHA3o5vGc8

25.http://www.youtube.com/watch?v=W9wh3kyMKJU

26.http://adsoftheworld.com/media/print/sport_factory_outlet_sandy

27.http://www.youtube.com/watch?v=2n-NxUPu0po

28.http://www.youtube.com/watch?v=22g7ctb6TGU

29. 因其以前酒瓶上有 33 個字，但現在只剩 31 個字：From the glass lined tanks of Old Latrobe, we tender this premium beer for your enjoyment as a tribute to your good taste. It comes from the mountain springs to you.

|40| 創造事件引發溫度

創造出可以流傳的話題，幾乎是每個行銷人的夢想，那怕只是一句話、一個動作，都是千金難買。我的經驗告訴我在此仍須再囉嗦：要接觸認知社會的各式文化，才能累積創新的薪材。以下再提供一些受到囑目的話題，供行銷人參考。

行銷工具的話題係指使用某些新工具，而造成話題。尤其在 internet 及相關科技不斷創新的時代，各種新技術推陳出新，新技術本身就是話題，如果又運用得有內容，話題的流傳就可能更具深廣度。

Volkswagen 會說話的報紙

2010 年，Volkswagen 在 The Times Of India 及 The Hindu 的報紙廣告上黏附一個發音盒，以推廣其 Vento 車款。當報紙未打開時，該發音盒受有重量，不會發聲；報紙一打開，聲音即出現。此一《Speaking newspaper》[1] 的創意，藉由 200 餘萬份報紙瞬間攻佔印度各主要城市，不過應該花費不貲。

也有人批評該發音盒基本上是音樂盒，早就有音樂卡片，所以不能稱為多媒體創新 (Mass Media Innovation)。然以往風行在開發國家的音樂卡片，對印度市場可能還有很多消費者尚未接觸過。也有人懷疑如此大手筆花費，是否有價值。不過創新與否，花費多少可能已不是很重要，重要的是印度各主要城市的消費者，互相傳遞

Volkswagen Vento 之創意。

Volkswagen 音階樓梯

在一般有電扶梯與樓梯並排的場所，人們總是搭乘電扶梯，而不太會走樓梯，因為省力舒適的關係。Volkswagen 在 2009 年於瑞典首都斯德哥爾摩 Odenplan 地鐵站通道設置《BlueMotion stairs》[2]，將樓梯改裝成鋼琴鍵盤，內置感應音階，行人每踏一階就有不同的音階，結果原本搭乘電扶梯的行人紛紛改走樓梯。這一結果證明了在某些情形下，趣味創意之影響力會重於其他消費者的需求。也說明為何全世界的行銷訴求有很多搞笑、幽默。

雖然也有人說音階樓梯早就流行過了，不是創新，但重點是將樓梯、音階樓梯、電扶梯三者放在一起比較，實饒富趣味。Volkswagon 的創意多少運用了企業管理中的垃圾桶理論（The Garbage Can Theory），這也給行銷人很好的啟示：很多話題創意是從垃圾堆中掏出來的，不是用千金萬金堆出來的；行銷人學習花錢很重要，但學習垃圾變黃金更重要。

荷蘭有一城市為解決垃圾問題而購置了垃圾桶，但垃圾亂扔仍十分嚴重。該市衛生機關為此提出許多解決辦法。第一個方法是：把罰金提高一倍，但收效甚微。第二個方法是：增加街道巡邏人員，成效亦不顯著。後來，有人設計了一個電動垃圾桶，桶上裝有一個感應器，每當垃圾丟進桶內，感應器就會播出一則故事或笑話，內容還每兩周換一次。這個設計大受歡迎，城市因而變得清潔。此為有趣的垃圾桶理論。

MINI 汽車的自動販賣機

MINI 汽車 2011 年在加拿大設立自動販賣機《Vending machine》[3]，該自動販賣機可能是世界最大的夜間投影放映的互動裝置。MINI 利用夜間投影，將各款 Mini 車以販賣機方式呈現，訴求主題是：你渴望獲得那一款 Mini 車 (Which Mini are you carving)。路人只要用手機輸出代碼及喜歡的車款，該車款就會衝破販賣機玻璃，吊著降落傘出現。本創意結合手機與戶外互動看板，MINI 也可由手機傳輸中獲得消費者的資料。

H&M 旗艦店燈光秀

瑞典流行服飾品牌 Hennes & Mauritz，2010 年在荷蘭阿姆斯特丹設立旗艦店，還特別推出荷蘭獨有的家居用品如毛巾、床單、桌巾等所謂家居概念 (home concept) 商品。該店位於一幢有紀念性的建築物，以前是 ABN 銀行的辦公室。H&M 為凸顯氣勢，其開幕晚會以燈光秀《fantastic lightshow》[4] 顯現，造成話題。

燈光秀不是新梗，打在紀念性建物的燈光秀也不稀奇，會造成話題是燈光秀的內容。內行看門道，外行看熱鬧，形成話題必須門道熱鬧兼容並蓄；只有門道，曲高和寡；只有熱鬧，話起題滅。

鑽石恆久遠 一顆永流傳

「鑽石恆久遠 一顆永流傳」，到現在依然流傳，這句幾十年不衰的廣告詞源自 A diamond is forever，A diamond is forever 創造於一個令人難以想像的年代。1948 年，夠早吧，台灣有約 85% 的

人還沒生出來，但到現在依然口耳相傳。記憶中台灣 DeBeers 的第一支廣告非常唯美動人，使「鑽石恆久遠 一顆永流傳」真的永流傳。廣告情節是一對戀人，男：我們的關係應該結束了…，女一臉茫然，眼淚快要奪眶而出…，男掏出求婚鑽戒為她戴上，女破涕微笑滿是嬌嗔。雖找不到這支廣告，但由《都是鑽石惹的禍》[7]，也可看出當時企劃創意的功力。一句「鑽石恆久遠 一顆永流傳」，一個含著眼淚帶著微笑的表情，塑造出永流傳的話題性。

師父 我們去取經吧

好的廣告詞歷久不衰，Volkswagen 1959 年的 Think Small，Wendy's 漢堡 1984 年的 Where's the beef，Nike 1988 年的 Just do it，加州牛奶 California Milk Processor Board1993 年的 Got Milk[6]，都是膾炙人口的經典之作。

在台灣也有很多好的廣告詞，如「自然就是美」。2010 年華義國際《齊天大聖 online》[7]，一句「師父，我們去取經吧」喧騰一時。該廣告先在華義網站曝光，就有網友質疑尺度超過普通級，也有網友將「取經」戲稱是「取精」，是荼毒小孩子的廣告。也有指以相關語製造話題，明顯對高僧唐三藏不尊重。因恐尺度太超過，電視頻道業者組成的衛星公會乃在廣告播出前夕，要求各頻道須在晚上 11 時後才能播出，成為首宗廣告播出前即啟動自律機制事件。

該電視廣告出現不少裸露身體的女妖精扭動身體、發出「嗯啊」聲音勾引唐三藏，爆乳女孫悟空打敗妖精，贏得唐三藏，緊靠唐三藏，手部在其胸口游移，嬌嗔説：「師父，我們去取經吧。」

紙片人的爭議

Crown Jewels Condom 的行為雖然有爭議，但不見得會影響銷售。紙片人的話題卻不見得有益銷售。2007 年，義大利 Flash & Partners 所轄的 Nolite 品牌配合米蘭時裝週，推出 Isabelle Caro 的 No Anorexia 不厭食 [8]，震撼社會各界。

Nolita 表示其意在凸顯使用紙片人模特兒 (size zero models) 的危險。Isabelle Caro 自己也表示她要展示的是她自己無所畏懼，儘管她的身體會引起反感，但她想告訴年輕人這種病是多麼的危險。

Nolita 及 Caro 的立場是否此地無銀三百兩，不得而知；不過時裝界卻有人謂厭食的責任不應該由時裝界完全擔負，名人及媒體也要負責。

或許是預知厭食效應將會日漸受到重視，2010 秋冬時裝週，Louis Vuitton、Giles 和 Prada 就發聲啟用豐腴模特兒，希望年輕女孩不要一味盲目追求「瘦就是美」。

2010 年，美國 Revolve Clothing 購物網站以 Allie Crandell 為其網站品牌 BCBG Max Azria 之模特兒，照片刊出後，沒有人討論任何和服裝有關的事情，但 Crandell 激瘦的身材卻成為焦點。型錄照片中的 Crandell 瘦得不像真人，雖然擁有芭比娃娃般的漂亮臉蛋，可是腰圍、四肢、和肩膀都纖細得不成比例，引起消費者一陣撻伐，

深恐又再導致年輕女孩的群起效尤。多方之反對聲浪,讓 Revolve 趕緊宣佈已要求 Crandell 吃回較為健康的體態,在此之前,不會再有任何 Crandell 的新照片出現。可惜的是大約就在同時,Isabelle Caro 美麗的生命也結束了[9]。

Honda 齒輪與合唱團

汽車界的廣告總是有令人驚豔的表現手法,在行銷上也總是能創造許多令人廣為流傳的口碑以及品牌形象。2003 年英國 Honda Accord 利用整台汽車零件所建構的齒輪《cog》[10] 訴求,造成不小的漣漪,不僅在當地流行,也在網路上不斷的流傳。2006 年英國 Honda 又利用合唱團《Choir》[11] 人聲模擬 Civic 的駕駛聲響,也成功為 Civic 創造了行銷話題。

大堡礁保育員

事件行銷之事件本身就須有引發話題的性質,否則就不能稱為事件。但一件平淡無奇的事,創新思考成令人咋舌的事件;或把不是事件虛擬化為事件,或把不是事件反轉為事件,此種無中生有的事件行銷所具之話題流傳力,常遠勝於一般的事件行銷。

大堡礁群島保育員之職責主要是探索大堡礁水域內,發掘新景點。透過每週的網誌、相簿日記、影帶及媒體訪問,向昆士蘭旅遊局 (Tourism Queensland) 及全世界報告其探險歷程。

這本來只是 2009 年全世界那麼多徵人啟事之一,但大堡礁保育員的吸引力創造從半年約合新台幣 350 萬元薪資開始,搖動了各

國的媒體，成為《The Best Job In The World》[12] 話題。這是很聰明的設計，新台幣350萬元用於各國媒體PR或廣告，肯定只是杯水車薪；但拿來做為一個著名景點的一個保育員半年的薪資，對全世界許多人而言，確實是令人驚奇的事。

從話題出現，幾乎天天被期待有新進展，各國媒體幾乎沒有遺落此新聞的。總計34,000多人申請，初選50位候選者，複選11人入圍，決選面試在大堡礁進行，每次新進展又成了新話題，比連續劇還好看。話題綿延長達半年以上，就只因半年350萬元薪資，真是話題創造的經典，也是置入性行銷的經典。

昆士蘭旅遊局項莊舞劍，意在沛公，徵選活動是精心製作的行銷策略與公關手法，只是冠冕堂皇的幌子，藉機向全世界宣傳大堡礁群島是美不勝收才是事實。

Artois 把好傳統傳下來

2007 年，英國廣告標準管理局 (Advertising Standards Authority) 禁止 Stella Artois 於 2006 年所刊登的 a family dedicated to brewing for six centuries 訴求 [13]。因為以「一個致力於釀酒六世紀的家族」的用詞來表達包括 2006 年年底才推出的 Artois Bock 和 Peeterman 是不當的 [14]。

就在 ASA 處分的次月，Artois 即推出《Pass on Something Good》[15]，描述在法國鄉村的一間酒吧，村民們彼此照

顧的一些小細節，包括老人家遺忘帽子，其他人會用手一個個傳
遞，幫老人家戴上；當有漂亮女人走進來時，有人會主動把梳子借
給年輕男子。Artois 的傳承好傳統訴求，明顯是針對被處分的事件
而來。意指 Artois Bock 和 Peeterman 雖在 2006 年才推出，卻是傳
承自 Artois 的好傳統，handed down in every glass。

1.http://www.youtube.com/watch?v=yXGYPUBrmmo

2.http://www.youtube.com/watch?v=LOh7fxv7Pys&feature=relmfu

3.http://www.youtube.com/watch?v=YY-3rjqx4Js

4.http://www.youtube.com/watch?v=2W6Eabefezg&feature=results_main&playnext=1&list=PL6AD6090D58556E22

5.http://www.youtube.com/watch?v=scz-5WgdZtc

6.2008 年，http://www.coloribus.com/adsarchive/prints/got-milk-got-milk-hayden-panettiere-11269405

7.http://www.youtube.com/watch?v=cbZd1wc3cd0

8.http://sabeloff.livejournal.com/70423.html?mode=reply

9.http://www.vogue.com.tw/news/content.asp?cid=3&ids=2080

10.http://www.youtube.com/watch?v=EEF0cg1j35o

11.http://www.youtube.com/watch?v=gjyWP2LfbyQ

12.http://www.youtube.com/watch?v=SI-rsong4xs

13.2006 年，http://www.coloribus.com/adsarchive/prints/stella-artois-family-9882905/

14.http://www.harpers.co.uk/news/4671-stella-artois-falls-foul-of-asa.html

15.http://www.youtube.com/watch?v=mtYhPJ2mfGU

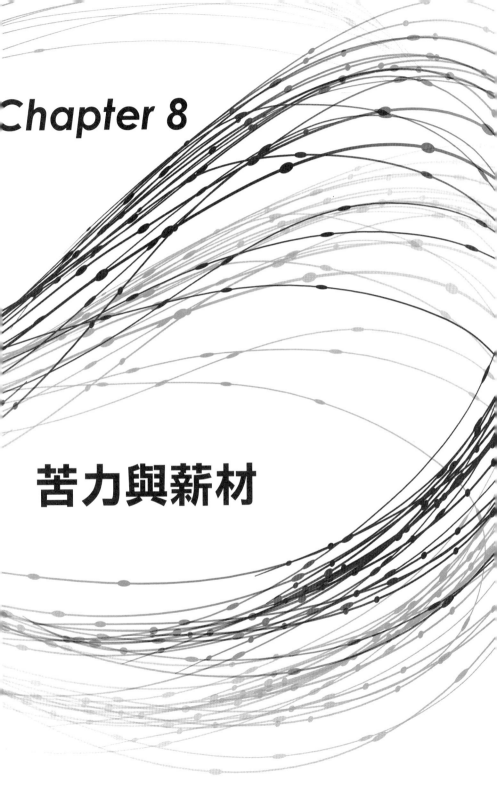

Chapter 8

苦力與薪材

│41│ 澳洲銀行在情人節破格

　　一般銀行行銷大都以 romance sell 來爭取新客戶，但 2011 年 2 月 14 日情人節，對澳洲前三大銀行 CommBank、Westpac、ANZ 好像是夢魘，因排名第四的 NAB (National Australia Bank) 在當天以你被甩了 (You are dumped)、一切都過去了 (It's over)，直接指名「耍弄」，鬧得沸沸揚揚。

　　NAB 一次三挑 CommBank、Westpac、ANZ，與單點差異攻擊有出入，但就塑造話題的策略、媒體運用的策略，其創意性令人不自覺地豎起大拇指。

情人節的話題塑造

　　在情人節，各種產品通常都會運用卿卿我我的訴求，NAB 為彰顯差異化的力道，在大家卿卿我我，一片應景聲下，大放 cynicism（犬儒主義），反其道訴求分手。只是 NAB 不是與其客戶分手，而是訴求其競爭對手 CommBank、Westpac 及 ANZ 的客戶與 CommBank 等分手，將貸款轉到 NAB。由下述 NAB「耍弄」前三大銀行的影片，可見其在塑造分手的話題上，籌備許久也煞費苦心。這給行銷人一個認識：創意的發想或許在電光石火間，但創意的實現可能如阿婆生子，很拼的。

　　早期的犬儒主義是根據自身的道德原則去蔑視世俗的觀念，後期依舊蔑視世俗的觀念，但是卻喪失賴為準繩的自身道德原則。因

此後期的犬儒主義普遍有這樣的想法：既然無所謂高尚，也就無所謂下賤。既然沒有什麼是了不得的，也就沒有什麼是要不得的。這樣想法將對世俗的全盤否定變成對世俗的照單全收，而且還往往是對世俗中最壞的部分照單全收。於是，憤世嫉俗就變成了玩世不恭。

出手前做足功課

NAB 利用情人節訴求分手的創意發想也不是亂掰的，其也做了很深的功課，而獲得下列支持將情人節，分手與銀行業務三者相關的結論：

1. 大多數澳洲人不喜歡情人節。
2. 一半的受訪年輕人會趁情人節與伴侶分手。
3. 分手季節在新年至情人節間，許多伴侶會盤點其關係。
4. 有 1/3 未婚伴侶在情人節重新評估其關係。
5. 有 59% 的人認為其處於同一伴侶關係已太久。
6. 雖然不愉快，但 51% 的人還是會留在原銀行。

在一般的思考邏輯裡，情人節、分手、銀行業務三者是不太可能有交集的，也是因為如此，NAB 的動作不但成為話題，也造成三大銀行大跳腳。但為讓分手策略成為話題，以利搶奪轉貸客戶，NAB 先將上述的《Relationship Survey》[1] 在網路上發酵，鋪陳分手的氛圍。

抓雞總要蝕把米

NAB 的第二件功課是 CommBank、Westpac 及 ANZ 的客戶為

何要與 CommBank 等分手，而將貸款轉到 NAB ？ NAB 除了以 we just grew apart 來強調各項差異化，表明 NAB 與 CommBank 等不再有任何相同點外，更建立分手的誘因，幫客戶支付 700 澳幣的提前解約費用，只要客戶將抵押貸款由 CommBank 等轉到 NAB。

2011 年 2 月 14 日情人節當天，NAB 以鋪天蓋地之勢，將 You are dumped、It's over 的訊息藉多種媒體散發出去。而且還闡述：NAB 與其他銀行分手，這大家都知道且感覺很爽，因 NAB 與其不再有任何相同點；所以和CommBank 等談貸款轉移時，儘量和氣些。為此，NAB 亦大放送 30 支情侶吵架分手的影片，提醒和氣些，真是司馬昭之心。

媒體的運用

NAB 先在網路平台準備好薪柴，除文字影片並茂之 NAB 官方網站外，並在 youtube 成立 NAB 頻道[2]，將全部的影片彙總；同時 facebook 及 twitter 亦加入。有了薪柴，It's over between us 的分手信報紙廣告如右、《A big message to the other big banks》[3] 的戶外看板，隨即點出 Sorry, CommBank、ANZ and Westpac. It's over. 的火花。出乎意料的是 Westpac 竟立即反擊，如右，反而火上加油，助長 NAB 的氣勢。

NAB 點火後，也準備很多

火上加油的小媒體，巡迴在雪梨及墨爾本等城市，以增加分手告白的強度及趣味性：

1. 直升機布條：《Break up by Chopper》[4]，布條上書 Dear CommBank、ANZ and Westpac. You're dumped.

2. 卡車歌手：《break up with a song, on a truck》[5]，卡車上駕設看板 Dear CommBank、ANZ and Westpac. Sorry, it's over.，歌手彈唱「分手歌」。

3. 贈送分手歌 CD，如下左，及路面塗鴉，如下右：在馬路上以塗鴉方式傳達 Dear CommBank、ANZ and Westpac. Sorry, it's over. We've just grown apart.9。

　　單純的 NAB 告白，campaign 的張力還不足，為對話題的傳播力有正面效果，NAB 端出「耍弄」CommBank、ANZ 及 Westpac 的劇本，雖有些不厚道，但卻具霹靂無敵的張力[6]。其中包括突擊 CommBank 主管午餐，大唱分手歌；開船向 ANZ 的主管策略會議示威，在 Westpac 大樓玻璃貼分手海報。

　　NAB「耍弄」CommBank 等銀行的內容令人牙癢，因似乎是游走在法令邊緣，也似乎比前述各章之指名攻擊還要陰狠。雖話題效果可能加倍，是否有失厚道，而引起消費者的不滿，有待觀察。

然其準備工作確實令人驚駭，太不簡單，NAB 也以此《Break up 》[7]
獲得 2011 年 Cannes Lions 大獎。

公平交易法觀點

NAB 的策略誠然造成話題，也順利引 Westpac 出洞來助勢，但
若發生在台灣，其所傳達的訊息，是否有公平交易法之適用，實亦
是有趣的課題。NAB 的訴求因有凸顯與三大銀行間的服務差異化，
因此可能與「比較廣告」有關。依照公平法規範，比較廣告基本上
會涉及第 19 條第 3 款、第 21 條、第 22 條及第 24 條規定。

例如在分手信廣告中，提到 NAB 為客戶做了什麼或提供什麼
優惠等，但別家銀行沒有，這裡涉及兩個問題的判斷：
1. NAB 是否確實提供了這些服務，如果沒有的話，會涉及第 21 條
   廣告不實的問題。
2. 他家銀行是否真的沒有提供客戶相關的服務，如果是 NAB 沒有
   盡到查證義務或就對方服務予以曲解，則所涉及者將是第 19 條
   第 3 款不正當方法或第 24 條營業誹謗。

比較有問題的部分應該是公平交易法第 22 條妨害營業信譽之
禁止規定，台灣因法制問題，違反第 22 條通常係依刑事追訴程序，
現階段較少先由公平會判斷：
1. 在相關宣傳中，有諸多 NAB 對於三大銀行不滿之用語與措辭，
   如 Dear CommBank, ANZ & Westpac. You're dumped. 等文字，相
   關用語在一般認知，帶有貶抑的意思，NAB 顯然是出於競爭之
   目的，倘其無法證明對於其他三大銀行貶抑之相關事實，則不
   排除會有第 22 條規定的違反。

2. 其次是情侶吵架的廣告，如果該等吵架畫面是真實發生，被 NAB 借來當作廣告使用，因相關對話、劇情都不是事先設計，而為真實的消費者見證，如此尚無特予非難之必要。

3. 若是對話、劇情是經過設計演出，因其中不乏有 NAB 影射批評其他銀行之用語，倘輔以一般大眾認知 NAB 是以分手廣告來達移轉貸款之目的，該等批評用語或有可能會當作是損害他人營業信譽之行為，而有第 22 條規定違反之虞。

　　至於 NAB 幫客戶支付 700 澳幣的提前解約費用，因涉及以利誘方式，使競爭者之交易相對人與自己交易之行為，在我國則可能會有違反第 19 條第 3 款規定的討論。

1.http://www.youtube.com/watch?v=_b7994EbCCA
2.http://www.youtube.com/user/nab#g/c/FA1906328D7CD7A0
3.http://www.youtube.com/watch?v=RHhCXQGaXus&feature=relmfu
4.http://www.youtube.com/watch?v=fDD0r2zbfpU
5.http://www.youtube.com/watch?v=JYQF1fKCLN4
6.http://phill.co/strategy/nabs-valentines-breakup-a-strategy-that-goes-all-out
7.http://www.youtube.com/watch?v=BDbvAEcP_2k&feature=related

┃42┃ 垂直 水平 破格思考

情人節，各種產品的行銷不是都應訴求此愛永不渝嗎，應景一下嗎？澳洲 NAB 在大家卿卿我我時，反而訴求分手，這不是很「破格」嗎？

台灣話的「破格」不是好話，一般是罵人好像掃把星，把本來好好的一個局弄渾。但本書之「破格」是希望行銷人打破思考的框框，跳離思考的軌道，破去以往刻板的一些思路，因為整個消費環境變化又鉅又快，雖然風動，幡動，心頭要抓乎定，但在起心動念去執行前，一定要好好想一想，本書書名「ι想想」，就是希望行銷人用 internet 時代的邏輯去思考。

垂直思考 水平思考 破格思考

什麼叫「垂直思考」，什麼是「水平思考」，什麼又叫「破格思考」，垂直思考是把原來在做的，做得更好更深入更滿足消費者；水平思考是把原來在做的，做些改變，創造出一個新的業務型態，得以滿足新的消費者，且又與原來在做的共存互補。

舉麵包店為例，麵包店朝做出更多、更色香味齊全，又好吃的麵包的方向，產品線愈來愈深，這是垂直思考，將原本「好吃多樣的麵包」推到「更好吃更多樣的麵包」，基本上，產品線仍是在麵包，企求的是更好吃，以吸引更多消費者。

水平思考是在麵包產品線外，嘗試擴充與麵包消費者有相關之產品，例如你的麵包是中高價位，你的消費者可設想也是健康飲品的消費者，那麼麵包店就可考慮增加健康飲品產品線，此為水平思考，橫跨出去思考，不在原來麵包產品線上打轉，朝增加產品線廣度的方向。但並不是原來麵包產品就放棄更好吃更多樣。

破格思考是不受限在產品線的深度廣度，跳離出來，例如免費教消費者做麵包，將麵包店「好吃的麵包」位移到「好吃麵包的訓練課程」。把消費者教會，還能賣麵包給他嗎？賣麵包的人教消費者做麵包，很跳 tone，不是嗎？是的，萬一有人這樣做，不是很沒有框框、很跳離思考的刻板軌道嗎？這就是「破格」。

不「破格」還能活嗎？

我應該斬釘截鐵的說：不能活，為免有爭議，我和稀泥一下：可能活得有困難。其實，行銷人不用懷疑，消費者的質變已如此顯著，我們怎還能用以前有框框的思考方式。

麵包店除了賣麵包，也教消費者做麵包，可能會有人以為消費者學會後，就不會再買麵包；其實不盡然，消費者自我實現做初級麵包，就會想自我實現挑戰更高級麵包。消費者買的麵包好吃有名氣，被尊重的需要已滿足，若再由其教做麵包，更可滿足自我實現的心理。麵包店可由其中獲得的利益有：

1. 學做初級麵包，有初級麵包材料可銷售，順帶銷售高級麵包。
2. 學習高級麵包，有高級麵包材料可銷售，順帶銷售更高級麵包。
3. 學做麵包的消費者，大多會說該麵包店的好話，見證效果或花車效應 (從眾效應，bandwagon effect) 擴大，對銷售更有效益。

建立了忠誠度極高的固定消費群，尤其大部份消費者學會後，可能因各種因素，並沒有再繼續做麵包。所以，不必擔心消費者學會後，不會再買麵包；應該慶幸消費者學會後，忠誠度更高的回頭再買麵包。

破格可兼收消費者實體利益與心理利益

基本上，麵包店之麵包好吃種種，是消費者的實體利益，免費教消費者做麵包是消費者的心理利益，不厭其煩的將利益傳達給消費者。任何產品，實體利益不能滿足消費者，就無法向消費者推動心理利益。二方面，無法持續創新產品，滿足消費者多變且挑剔的實體利益，不但無法持續滿足消費者自我實現的心理利益，品牌形象及忠誠度也無法建立。

麵包店教消費者做麵包是破格思考方向，麵包店持續創新產品是水平或垂直思考方向，兩者同時運作，行銷威力極大。

破格教消費者做麵包，兼收消費者實體利益與心理利益，而且消費者的心理利益是無可取代的，純粹產品線的深度廣度的努力，面對競爭上，一方面可被取代，二方面不見得具優勢。

思考的框框與軌道是什麼？

就好像 4Ps，大家都認為是行銷，因大多人談論行銷就會大談 4Ps，我早期曾無聊到擴充到 12 Ps，也曾經發明 4Ws(酒色財氣)，還和人打賭 4Ps 和 4Ws，哪個比較快速可拿到業績。其時行銷都不是 4Ps、12 Ps 或 4Ws，只是行銷 4Ps 已深植於很多行銷人的腦中？

我們可憐的腦袋被洗腦的，隨便舉一個：溫水煮青蛙。多年來，煮青蛙的傳說一直流傳在江湖上，有人把一隻青蛙放入沸水中，青蛙受熱，立即施展輕功，竄了出去。又有人把青蛙放入常溫水的鍋中，再用小火慢慢加熱，青蛙雖然可以感覺到外界溫度的變化，卻因惰性以為在洗三溫暖，等到熱度難忍時，已經變成青蛙湯了。

再ㄟ想想一下吧

從 1869 年，德國生理學家 Friedrich Leopold Goltz 開始煮青蛙，至今各種試驗與爭議仍未曾停歇，但上述煮青蛙的傳說卻傳遍江湖，可憐的青蛙，在各取所需下，成了不知死活的代言。雖然 1988 年起，很多科學家實驗證明青蛙的行為與上述傳說恰好相反，連諾貝爾經濟學獎得主克魯曼 (Paul Robin Krugman) 也撰文說青蛙不是不知死活的，把活青蛙放入沸水中，青蛙就死了，把青蛙放在涼水的鍋中，用小火慢慢加熱，當青蛙感受到溫度變化，就會往外跳。但在地球暖化議題上，人類還是被比喻成溫水青蛙。

上述煮青蛙傳說所顯現的現象被稱為煮蛙症候群 (Boiling Frog Syndrome)，是一種滑坡謬誤（slippery slope），即將事件起頭與結論固定，中間以似是而非或無關聯的推論相連接的邏輯謬論。相連結的推論乍看之下有理，細思之下卻不確實或不切實際。

我們以往接受的教誨有多少的滑坡謬誤在其中，是不得而知也無法清點，要活，就時時提醒自己要跳出軌道。也或許我們以往接受的教誨，在那時的時空是正確的，但時序已入 internet 時代，我們無妨ㄟ想想。

切記 Everything ages fast. Update.

　　不論消費者質變的範圍，前面提到「與其花錢找人捧兩個奶來，內衣才能賣，不如放開思考找兩粒橘子」，行銷人切記要不斷創新自己的思維，也無妨再揣摩為什麼 Mazda 在以色列賣 MX-5，竟是訴求 use condoms[1]？

　　本書呈現很多各國行銷之創意，目的是行銷人能在此創意環境中，不停腦力激盪，而生出更新的行銷策略創意、更新的經營策略創意。在思考的邏輯上，不能隨意「因為…，所以…」，因為除垂直思考邏輯外，水平思考或破格思考有時扮演更創意的角色。

1.2009 年，http://www.coloribus.com/adsarchive/prints/mazda-mx-5-use-condoms-theres-only-room-for-two-13547305/

|43| 自己的媒體 自己燒香

曾有這段軼事：有人認為王永慶擁有台灣一家最大的企業，若是再有一家最大的報紙，誰還能不聽他的話？聽說王永慶一聞此言，為了不使各方為難，立即退出聯合報。他擔任聯合報的董事長，不過半年時間。的確，自媒力是以往企業所不敢想的，現在拜科技之賜，企業可以使用 APP 建立自己的媒體，也即可以使用各種社群網站，為自己發聲。

廟要有人添油香才叫廟

隨著雲端技術的成熟發展，數位行銷變得更困難，尤其智慧型手機普及後，行動行銷成為數位行銷的新課題，行銷人如何將行動 APP 結合行銷策略，也成為當前主要的課題之一。企業自己在 FB、 Youtube 或其他社群網站建立據點或設立 APP，是現在最普遍的自媒力做法。

我曾經夢見蓋了一座廟，美輪美奐，神尊個個莊嚴無比，香爐也選特大號，深怕香無處插。街坊鄰居都豎起大拇指說這間廟讚，但很奇怪，進廟參拜的並不多。有天夜裡，我問一前來的老者，他要我速速去找乩童與桌頭。自此，廟運昌隆，香火鼎盛。

雖然這只是一個夢，但卻給我幾個啟發：
1. 有了乩童與桌頭，來的消費者可以互動，進而體驗，有準的，形成口碑，口碑不脛而走，說讚才有意義。

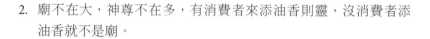

2. 廟不在大,神尊不在多,有消費者來添油香則靈,沒消費者添油香就不是廟。

的確,建置媒體並不困難,但建置後,用心去經營,吸引更多消費者,建置這些媒體才有意義,才能發揮自媒力。以下提供「乩童桌頭與溫度信任」、「常常有話題 維持杯子溢流」、「知性程度要很高」、「賈伯斯為何要親自站台」四個看法,給大家參考。

乩童桌頭與溫度信任

行銷人不論使用何種自媒,一定要發揮乩童與桌頭的功能,也就是要自己燒香,燒出溫度與信任,才能逐漸建立「鐵粉」。儘管現在社群媒體興起,行銷人能透過即時發文及優惠活動與消費者互動,迅速累積人氣,但直接人與人接觸所產生的溫度與信任連結,仍是經營消費者關係不可缺少的要素。

建立乩童桌頭團是一種傳送品牌溫度,獲取消費者信任的方式,其實乩童桌頭在行銷裡一般歸類在 reference group 或 opinion leader,並不是新東西,只是在雲端中,人人都是 reference group 或 opinion leader,因此必須要另有做法,reference group 或 opinion leader 才能更顯著。

Nike 的 NTC(Nike Training Club) 健身計畫自 2013 年推出校園俱樂部,每年都會針對熱愛運動的女學生進行校園大使選拔,如下頁[1],並讓他們試用 Nike 產品,進行心得分享及滲透到他們的社交網絡,讓更多人認識Nike的品牌發展。網路上有許多寫手、部落客、導購網站也是乩童桌頭團的一環,甚至那些 click 公司也是。

Nike 下凡走入校園，網路寫手等仍在雲端發功，各有所長，但要能真正傳送品牌溫度，獲取消費者更大的信任，唯有接近消費者。這也是前面所提到的我認為未來的交易型態是 O+O，不是 O2O。唯有透過實體接觸，無論是展覽、實體店或攤位，才能讓消費者驗證他們在網路上的體驗。

常常有話題 維持杯子溢流

一個品牌因行銷組合策略運用得宜，可以維持了，並不代表就可以安心休息三個月，或更長。我的實務經驗告訴我：一個品牌要長久受消費者信任，就必須時時傳送品牌溫度。我把他稱為「杯水現象」，也就是說：我們不斷往杯子注水，溢流出的才是消費者信任，所以當杯子滿水，表示你經營可以維持，不注水了，水會蒸發，你與消費者間的信任也逐漸降低，所以要持續注水，傳送溫度，讓水少量溢出。

前面所提的世界各國的創意，就是供行銷人傳送溫度的參考。台南市每到下午，就會出現一名年輕帥哥騎著一輛阿公級腳踏車，上面載著一桶「米糕」，插著支羅馬旗[2]，小帥哥透過臉書「糯夫」自我行銷，每天公布販售地點和時間，幾個月來已吸引好幾千名網友關注。「踩著夢想不斷地往前騎，我要

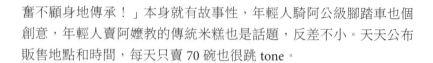

奮不顧身地傳承！」本身就有故事性，年輕人騎阿公級腳踏車也個創意，年輕人賣阿嬤教的傳統米糕也是話題，反差不小。天天公布販售地點和時間，每天只賣 70 碗也很跳 tone。

快閃活動導入限量銷售也是話題，且有新聞性，近來「快閃店」的概念帶被運用。美國超人氣 In-N-Out 漢堡現蹤台灣，就是採用此模式，不過那只是 In-N-Out 的國際行銷活動，在很多國家舉辦過，完全沒有在台灣展店的計劃。

知性程度要很高

引發話題通常要夠勁爆，有時會很 kuso 無厘頭，甚至三八到麻辣，但這只是吸引 internet 世代對長文閱讀率越來越低的需要，對品牌形象並無幫助，所以知性程度高的訊息是絕對必要的，所謂尤其知性程度是指與產品相關的知識，例如賣豆漿，全世界黃豆有幾種、如何挑選豆子、黃豆加什麼一齊最有營養，簡單的說，借由知性的傳達，扮演出「達人」的定位，不論你賣的產品單價高低或競爭性強弱。

知性的傳達，很重要的是 (1) 不是為推銷自己而為，(2) 用消費者看得懂的文字或影音來陳述專業的知識，才能觸及更多人，加強對品牌及產品的信任感與專業度，也可透過留言迴響，及時了解消費者反應，調整行銷策略。

賈伯斯為何要親自站台

不管是實體通路或網路行銷，也不論是產品說明、經銷商會議

或網聚，任憑你提出多少的證據、反覆進行產品實測介紹、參觀生產線，說明產品有多好，以加深品牌的認識及信任，如何讓消費者心中的信任度落實是一個關鍵。

為何賈伯斯要親自站台？因為他要親自說給消費者聽，不是賈伯斯說的內容比較厲害，也不是賈伯斯的話術比較強，而是賈伯斯這三個字的說服力，而是消費者喜歡賈伯斯出來講話而已。他出來，就拉近與消費者的距離，自然他說的內容就有影響力。「親自說給消費者聽」這原則對雲端上的業者尤其必要，千萬不能見首不見尾。

星巴克的紅杯子

星巴克每年 11 月定期推出「紅杯子」，至今已近 20 年，儼然成為星巴克傳統，尤其社群網站興起後，拍照打卡上傳變成消費行為的一部份，跟隨流行的消費者不再是為了咖啡本身，而是為了他的手機也喝了星巴克。

星巴克每年耶誕節限定紙杯，設計巧妙不同，如下頁圖[3]，2014 年還舉辦「紅杯子創作大賽」，只要以星巴克紅杯子為主題，拍照上傳 Instagram，標記 #redcups，即完成參賽，贏者可以獲得限量版的純銀會員卡。為加強「紅杯子」行銷強度，星巴克也結合 twitter，只要輸入 #RedCups 就會出現紅杯子的表情符號圖示。

2015 年，星巴克紅杯子設計走極簡風，杯身除了 Logo 外什麼都沒有，目的是想讓消費者 DIY，用更開放的方式傳遞聖誕氣氛，沒想到卻引起爭議。有一傳教士 Joshua Feuerstein 認為星巴克刻意

把往年的聖誕樹圖樣拿掉，是因為憎恨耶穌；他在臉書呼籲基督徒透過臉書標籤 # MerryChristmasStarbucks 表達不滿，影片貼出後就被瘋狂按讚分享，聲勢不輸星巴克紅杯子。他還建議民眾到星巴克消費時，自稱名字叫「Merry Christmas」，逼店員開口「聖誕快樂」。哈哈！這個半路程咬金是不是在演 de-marketing(降低行銷) 的表面戲碼，行銷人無妨想想。

2009　2010　2011　2012　2013　2014　2015

　　不過，星巴克透過一個看似平凡的「紅杯子」，把星巴克的溫度和消費者的情感連結在一起，確實厲害。同樣的，麥當勞也把溫度和消費者的情感連結，推出《對話杯》[4]，要讓對話更有溫度。用產品幫產品說話，由消費者替品牌背書，是不錯的行銷策略。

1.http://www.nike.com.hk/local/form/NTC_Campus_Club/
2.http://www.appledaily.com.tw/appledaily/article/headline/20151017/36844609/
3.http://time.com/4105283/starbucks-holiday-cups-evolution/
4.https://www.youtube.com/watch?v=6xKlqigxMjQ

|44| 拖著長尾 還是斷尾求生

　　有人提出長尾理論 (The Long Tail)，說這是打破 20/80 法則的新經濟學，99% 的產品都有機會銷售。一時間，「長尾」成了許多人的口頭禪，不講一下，好像水準不夠。其實長尾理論和大數據一樣，對某一特定產業有用，並不能放之四海皆準。

神秘的不平衡 20/80 法則

　　社會充滿了很多不平衡，怎麼來的，無人知，用力去調整，新的不平衡又產生，所以我把這現象稱為「神秘的不平衡」。多年前，我無聊到把全世界 GDP、奧運獎牌等等也抓來 20/80 一下，結果也發現：

1. IMF 統計 2007 年全世界 179 國之 GDP(PPP) 為 65 兆美元，其中 52 兆元來自 22 個國家，少數的 11.17% 國家創造了多數的 80.19% GDP。
2. 2008 年，204 個國家爭取 958 面北京奧運獎牌，26 個國家 (12.75%) 拿走 770 面 (80.38%) 獎牌，剩下的 19.62% 獎牌才由 87.25% 的國家去分。
3. 瑞士聯邦理工學院 2011 年調查發現，1% 的企業掌握了全球 40% 的財富。

　　20-80 法則 (20-80 Rule)，是義大利 Vilfredo Pareto 發現 80% 的土地由 20% 人擁有而來，學理上稱為帕雷托法則 (Pareto Principle) 或關鍵少數法則 (The Law of The Vital Few)。20/80 之 20% 及 80% 數

值只代表少數、多數之意,並不是絕對的 20% 和 80%。

從社會縮影到企業,20/80 的「神秘不平衡」現象也是無所不在。如在銷售管理中,多數的營收來自少數的客戶,也來自少數的產品品項,亦是由少數的業務人員或部門所創造;多數的營收來自少數的產品品項,造成多數產品品項之庫存及原物料存貨周轉率低。

長尾理論的論理

長尾理論認為企業界向來奉 20/80 法則為鐵律,認為 80% 的業績來自 20% 的產品;企業看重的是如右圖之曲線左端的少數暢銷商品,曲線右端的多數產品,則被認為不具銷售力,但 internet 的崛起已打破這項鐵律,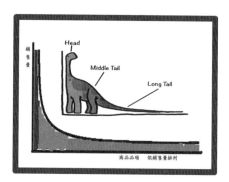
99% 的產品都有機會銷售,長尾產品將鹹魚翻身。

這看法主要用來描述 Amazon、Netflix 和 Real.com/Rhapsody 等網站之商業和經濟模式,指那些原來不受到重視,銷量小但種類多的產品。由於總量巨大,累積起來的總收益可能超過主流產品的現象。以亞馬遜網路書店的書籍銷售額為例,有 1/4 來自排名 10 萬以後的書籍。這些「冷門」書籍的銷售比例正以高速成長,預估未來可占整體書市的一半。

長尾理論[1]也認為：長尾理論的來臨，將改變企業行銷與生產的思維，帶動另一波商業勢力的消長。執著於暢銷商品的人會發現，暢銷商品帶來的利潤越來越薄；願意給長尾商品機會的人，則可能積少成多，累積龐大商機。長尾理論不只影響企業的策略，也將左右人們的品味與價值判斷。大眾文化不再萬夫莫敵，小眾文化也將有越來越多的擁護者。唯有充分利用長尾理論的人，才能在未來呼風喚雨。

麻雀拉長尾巴 也會變成鳳凰

實體超商也可以透過虛擬平台，讓周轉率低的商品免於被下架的命運，創造出長尾商機。有人舉例超商中 80% 營收來自 400 個品項，如菸、酒、飲料、乳品等，其他 1,400 個品項的營業額只有 20%。全家便利商店先從線上遊戲點數卡著手，原來有 53 品項，20% 的商品占營收 80%；當點數卡品項增為 110 個，尾巴明顯拉長，20% 的商品占營收降為 60%，整體線上遊戲軟體營收，也因為長尾效應成長 70%。所以，有人說：麻雀的尾巴一旦拉長，也會變成鳳凰。

在長尾理論中，Yahoo 憑藉著關鍵字廣告，成功地將數百萬網友的搜尋結果轉換成商機，堪稱入口網站的創造長尾商機的範例。所謂關鍵字廣告，是搜尋行銷的一種，只要輸入廣告主設定的關鍵字，Yahoo 系統就將廣告主的網站放在搜尋結果最前面。例如輸入「瑜伽」，會出現與瑜伽相關的廣告網址連結。這個廣告行銷手法是針對沒有資金刊登大眾媒體廣告的 120 萬家中小企業主，像是賣貢丸、宜蘭餅、醒獅團，或是搬家、除漏公司等業者，以前他們藏在廣告市場的冰山之下，傳統廣告市場以為他們不存在，其實不

然，低價的搜尋行銷廣告就是開發冰山的利器。

由前述成功的案例[2]，以及長尾理論之描述，長尾理論適合電商平台以及無形產品(一般稱為服務)者。電商平台本身沒有庫存壓力，產品由廠商提供，商品數愈多，電商平台可能收取之費用愈多；無形產品本來就無庫存；大型零售店一方面，囿於競爭法規範，不敢以 buying power 要求廠商備貨備料，二方面基於自己的坪效，也不會在賣場陳列長尾產品，除非在大型零售店的網站上。

有庫存者 要考慮長尾理論之適用

企業經營講究成本效益，既 80% 的業績來自 20% 的產品，長尾的 80% 產品就須剔除。依以往我估算存貨價值的經驗，庫存損失包括倉租、保險，倉管人雜費、庫存損耗、利息等費用或機會成本，一年約占存貨金額的 25%，亦即存貨周轉率低的產品，若不剔除，四年價值等於零。也就是說四年沒賣掉的產品，在資產負債表上之存貨雖仍記有當初的生產成本，但若與每年損益表列出之各項費用相抵，該些存貨或已無淨值。

對有存貨之企業，尤其是生產廠商，存貨週轉率低的產品絕對不會被保留，也就是說不會有長尾存在。早期日本豐田汽車以零庫存著稱，但自己不備庫存，供應鏈又須 on-time，庫存風險由誰承擔就不言可喻。現代的電商平台亦然，可以大辣辣的宣稱有上億項產品，聰明的供應商，你若是在他的長尾，還交錢去成就上億項產品的光彩，無異日治時期常說的：天下第一憨，種甘蔗給會社磅。

奧卡姆剃刀要出鞘

一刀砍掉繁瑣累贅，切勿以較多資源，去做較少資源也可以做到的事情，管理學上稱此為奧卡姆剃刀 (Occam's Razor) 。對品牌經營者或生產廠商或有存貨之企業，切記對短銷的產品、存貨週轉率低的庫存，奧卡姆剃刀要出鞘，斬掉長尾，不必去思考長尾將來有鹹魚翻身的一天，因大部份經驗顯示的是庫存過多的「黑字倒閉」。

20/80 的「神秘不平衡」現象雖無所不在，但在經營的角度上，並不能因其具自然特性而放任，因此有重點管理，由於 20/80 只有多數與少數兩個級距，對講究精細管理的企業而言是不夠的，於是乃發展出三個級距的 ABC 管理 (ABC Analysis)，我也曾創出 AA 至 CC 九個級距。

重視重點管理的質

以 20/80 客戶管理為例，若原來的 20% 的 A 級客戶 (10 家) 占 80% 營業額 (平均一家 400 萬)，另 80% 的 B 級客戶 (40 家) 占 20% 營業額 (平均一家 25 萬)。

1. 傳統的 20/80 重點管理主要在強調銷售主管管理的重點為好好的掌握 20% 客戶，就可控制 80% 的營收。但現代積極的概念是主管要走入黑暗，主管不到 80% 客戶的艱困地區、不處理狗屁嘮叨的事，又如何要求下屬把艱困變繁華？

2. 重點管理不是死的，是動態的，重點管理要的目的至少是 (1) A 級客戶增加，其他不變，或 (2)B 級客戶增加，其他不變，或 (3) A 級客戶平均營業額提高，其他不變，或 (4) B 級客戶平均營業

額提高,其他不變。

3. 循上例,50 家客戶總營業額 5,000 萬,平均一家 100 萬,若低於 100 萬者有 20 家,占客戶數 40%,重點管理要的目的至少是 (1) 客戶數不變,低於 100 萬者小於 40%,或 (2) 100 萬的分界級距提高,其他不變。

不放任自然,並非人可跨越自然,而是借由重點管理提升經營的「值」與「質」。至於一直落於長尾末端的客戶,若是主管確有走入黑暗予以了解協助,仍然無起色,千萬不必棄之可惜,他至少浪費業務人員的時間,舉起奧卡姆剃刀吧!

1.http://www.books.com.tw/products/0010341673

2.https://tw.answers.yahoo.com/question/index?qid=20061215000010KK09660

|45| 行銷人五誡

有位歷盡滄桑的前輩開示於我：草頭好像柴料，草頭古，愈燒愈苦，草頭新，愈燒愈興。意即不改變做法，就如草頭加古字，愈燒愈苦，愈燒愈像做苦力；若創新燒法，愈燒薪柴愈多，愈燒愈興旺。

苦力與薪材

不論對業務人或行銷人，創造話題絕對是重要的工作，業務人沒有主動尋找與客戶有關的話題，推銷談話可能就索然無味，與客戶的關係也可能活絡不起來。行銷人若無法主動創造話題，來與廣大消費者溝通，消費者對品牌的感覺就容易止於產品本身，以致於競爭力與附加價值可能都雙雙滑落。

前面談到了許多出人意表、標新立異或驚世駭俗之行銷創意實例，主要在與行銷人分享「苦力與薪材」的內涵，對行銷人或經營者的創新意義。創意話題運用得當，對行銷的確會有靈丹的幫助，可迅速打開產品知名度或增強短期銷售。但千萬不要食髓知味，把靈丹當飯吃，以為可以藉不斷的創造話題，累積成品牌形象或地位，或持續的銷售成長。

近來，大數據、O2O、IoT 等一大堆雲端的新名詞充斥，有些行銷人喜歡朗朗上口，好似薪材加持。其實，這些都與 internet 有關，均只是行銷手段或策略可運用工具的一部分，尤其是手機加入

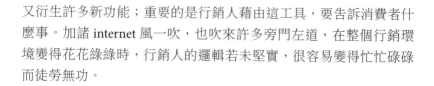

又衍生許多新功能；重要的是行銷人藉由這工具，要告訴消費者什麼事。加諸 internet 風一吹，也吹來許多旁門左道，在整個行銷環境變得花花綠綠時，行銷人的邏輯若未堅實，很容易變得忙忙碌碌而徒勞無功。

品質及服務做好 才能放煙火

話題創造及流傳有如放煙火，可能起得快也可能消得快，而行銷或經營，畢竟是永續的，不能築基於話題不斷的浮誇，必須是內外兼顧，將產品品質、對客戶及消費者的服務品質等，真正做好，才有創造話題、放煙火的立足點，也才是「苦力與薪材」真正的訴求。否則放煙火時，雄糾糾，放完煙火，雞頭也不見了，好像法國在 2010 年世足賽輸去時，Sony Playstation 弄出一隻斷頭雞，如右，唉嘆說 game over[1]。

對行銷人而言，最怕是染上浮華的心態，話題創造成功，常會讓人飄飄然，久而久之，沈迷在熱鬧浮誇的氛圍，這是「行銷人五誡」之一。挪威 Norwegian Airlines 在 2005 年有一《Beauty is only Skin Deep》[2] 的訴求，不但是個好話題，也啟發行銷人不要只看別人的表面，只做自己的表面；要深入內涵，了解別人，也把自己的基礎工作扎扎實實的整備起來。

活學 要活就要學

認識環境是基礎工作的內家功夫，STPD 策略及縮短距離各種做法，包括本章的話題創造，雖然可花招百出，但卻是隨內家功夫而轉的外家功夫。行銷人內外兼修並重，形成自己的行銷邏輯，才易創造出與眾不同的新思維。好像 2007 年義大利 Fiat 汽車的《Time for your own car》[3]，鼓吹要有自己的車，以免穿幫。行銷人不再往自己的腦子灌東西，致邏輯無 update，是「行銷人五誡」之二。

行銷人或經營者，不論年齡、性別、職位，要充實自己的行銷邏輯，就要不斷吸收各種層面的文化新知。行銷本身就是社會事，行銷人若因不喜歡某種社會觀點或次文化，而拒絕接觸、了解，可能就會有「行銷人之死」的風險。活學，要活就要學，才能掌握市場脈動，才能突破視野、擴大行銷邏輯。當愈學愈活時，任何一項小創意可能就會顛覆許多刻板思考。日本 Ichida Garden 將不要的舊報紙印上花紋，給原先就會用報紙包裝商品 (如蔬果保濕) 的店家使用，

反應出乎意料的好，此新聞紙變新紙計畫 (newspaper to new paper project) 的創意[4]，如右，還在 2009 年連獲許多國際廣告大獎。

你給消費者什麼 fu 消費者就還你什麼 fu

行銷人在媒體、在與客戶或消費者面對面所說的話、所做的

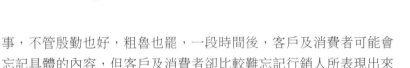

事，不管殷勤也好，粗魯也罷，一段時間後，客戶及消費者可能會忘記具體的內容，但客戶及消費者卻比較難忘記行銷人所表現出來的 fu。

　　希特勒在二戰期間做了什麼影響後代的事，說了什麼驚天動地的話，可能許多人都已忘記，但卻永遠忘不了希特勒帶給世人的感受。從葡萄牙 Preventor 保險套的 Sadly, his parents didn't use it [5]，就可以看出希特勒如何當苦主；連印尼設計的雅加達 Chopstix 亞洲美食餐廳訴求 [6] 也不免俗，如下中，讓希特勒坐在牆角吃拉麵；日本曾與德國並肩作戰，也不放過希特勒，秀樹理髮店 (Coiffeur Hideki) 將其抓來剃鬍子 [7]，如下左。這就是行銷人給消費者什麼 fu，消費者就給行銷人什麼 fu；fu 一旦形成，消費者心中的印象就容易刻板，不易改變。而行銷人感受不到消費者的好 fu，就是已踏入「行銷人五誡」之三的界線。

行銷人對每個消費者都要心存感恩

行銷人對每個客戶或消費者一定要心存感恩，有如 Anheuser Busch(Budweiser 百威啤酒的母公司) 的《Thanking the Troops》[8]，不論是好客或奧客，不論買多買少，不論賺多賺少，甚至只是到店裡問路借廁所，都要豁達以對，「行銷人五誡」之四就不會降臨。

明日事 今日畢

雖然無法預知明天先到，還是無常先到，但或許明天醒來，網際網路破了一個大洞，大家都在學女媧補破網；說不定明天醒來，桃花依舊笑春風，競爭者還只是耍弄老把戲，消費者仍然在網路上抓資料。不管明天與無常，明天可能不是今天所認識的明天，行銷人要跳脫「行銷人五誡」之五的陷阱，唯有確實掌握今天。今日事今日畢已不再是三網融合時代的效率概念，必須要明日事今日畢，把明天空出來因應無常的變化，才有機會在無常中不輸。

2025 年，預估全球人口將達 80 億，2045 年可能達 90 億，對現在 20 歲的青年，是一個可預見的殘酷景象。15 年後，其 35 歲正獨當一面，30 年後，其 50 歲可能要帶領企業集團，若不能強化時間效率，創新自己的行銷思考與邏輯，又如何面對比現在多 10 億、20 億人口的市場與競爭？

1.http://www.coloribus.com/adsarchive/prints/sony-playstation-coq-game-over-14092855/

2.http://www.youtube.com/watch?v=l1kNktMqszM

3.http://www.youtube.com/watch?v=aQDitt-jG1Q

4.2008 年，http://creativity-online.com/work/ichida-garden-newspaper-to-new-paper/17397

5.2006 年，http://www.coloribus.com/adsarchive/outdoor/condoms-hitler-8351755

6.2010 年，http://adsoftheworld.com/media/print/chopstix_hitler

7.2006 年，http://www.coloribus.com/adsarchive/outdoor/retail-stores-hitler-8193105/

8.http://www.youtube.com/watch?v=HEMxEGtVOXU

國家圖書館出版品預行編目(CIP)資料

i 想想 行銷的信任與溫度／陳紀元 著 .--
初版 .-- 臺北市 : 時報文化 , 2016.03
面；　公分 .--（WIN；017）
ISBN 978-957-13-6584-8（平裝）
1.行銷學　2.行銷策略
496　　　　　　　　　　　105003532

WIN 017

i 想想 行銷的信任與溫度

作　　　者	陳紀元
編　　　輯	王克慶
美 術 設 計	果實文化設計工作室
董 事 長	
	趙政岷
總 經 理	
出 版 者	時報文化出版企業股份有限公司
	10803 台北市和平西路三段 240 號 7 樓
	發行專線— (02) 23066842
	讀者服務專線— 0800231705
	(02) 23047130
	讀者服務傳真— (02) 23046858
	郵撥— 19344724 時報文化出版公司
	信箱—台北郵政 79-99 信箱
	時報悅讀網— http://www.readingtimes.com.tw
法 律 顧 問	法律顧問—理律法律事務所 陳長文律師、李念祖律師
印　　　刷	盈昌印刷有限公司
初 版 一 刷	2016 年 03 月 25 日
定　　　價	新台幣 350 元